概率论与数理统计9讲

主编 张 宇

北京理工大学出版社
BEIJING INSTITUTE OF TECHNOLOGY PRESS

版权专有　侵权必究

图书在版编目（CIP）数据

概率论与数理统计 9 讲 / 张宇主编 . -- 北京：北京理工大学出版社 , 2025. 4.
ISBN 978-7-5763-5222-1

Ⅰ . O21

中国国家版本馆 CIP 数据核字第 2025N6F868 号

责任编辑：多海鹏	**文案编辑**：多海鹏
责任校对：周瑞红	**责任印制**：李志强

出版发行	/ 北京理工大学出版社有限责任公司
社　　址	/ 北京市丰台区四合庄路 6 号
邮　　编	/ 100070
电　　话	/（010）68944451（大众售后服务热线）
	（010）68912824（大众售后服务热线）
网　　址	/ http://www.bitpress.com.cn

版 印 次	/ 2025 年 4 月第 1 版第 1 次印刷
印　　刷	/ 天津市蓟县宏图印务有限公司
开　　本	/ 787 mm × 1092 mm　1/16
印　　张	/ 5.75
字　　数	/ 144 千字
定　　价	/ 99.80 元

图书出现印装质量问题，请拨打售后服务热线，负责调换

一、总的任务

考研数学的复习,首先要有一个全面、系统、深刻的知识储备,这一般是在传统的基础和强化阶段要完成的,但在考研命题日益灵活的背景下,仅做好以上工作并不能带来考生数学成绩的实质性提高,所谓"听得懂课,但不会做题",就是这一问题的真实写照.

事实上,要有一个环节:在做完知识储备工作之后,让考生从"做题角度"出发,系统学习并深刻理解数学题的构成方式、命制手法,并重新梳理知识,让知识在解题中活起来、用得上.这便可以在一个集中的时间段内,提高考生的解题能力和数学成绩,同时,这个环节的训练可以让考生建立科学的思考方式,形成独立研究问题的能力.

针对如何解题,本书提出了大学数学的"三向解题法",将其贯彻在"高等数学""线性代数""概率论与数理统计"三门大学基础数学课程中,首要目的是,在学习者已经掌握了基本数学知识的前提下,专门研究如何解题,从而助其在高水平数学考试中取得好成绩.

二、三向解题法 (OPD)

1.三向解题法体系与记号

三向解题法简记为OPD,其中:

目标(任务)——Objects,记为O;

思路(程序)——Procedures,记为P;

细节——Details,记为D.

故该解题方法就是"以目标、思路与细节为三个导向的解题方法",其体系如下:

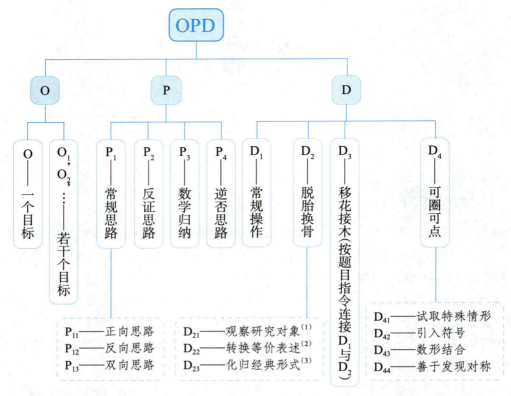

注：(1)要建立隐含条件体系块；(2)要建立等价表述体系块；(3)要建立形式化归体系块．
(1)~(3)的具体解释见下文．

2. 三向解题法法则

法则一：盯住目标(O)

对于一个问题，无论它是如何表述的，首先要做的是寻找目标、锁定目标、盯住目标！理解题目要做什么，这至关重要！把你的注意力集中于目标，尤其是表述冗长的问题，一定要先去掉细节表述，节省你的精力，只看目标！同时确定是一个目标(O)，还是若干个目标($O_1, O_2, \cdots$)．

值得注意的是，要在一个完整的问题表述中寻找并锁定目标，即选择题要将题干和选项一起看；填空题要将题干和所填内容一起看；设置多问的解答题要将题干和每一个问题一起看．

以下是概率论与数理统计目标汇总：

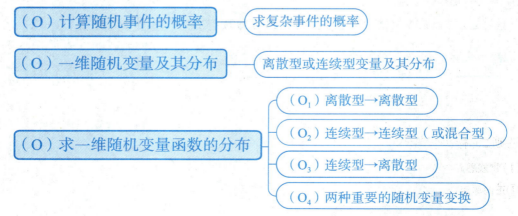

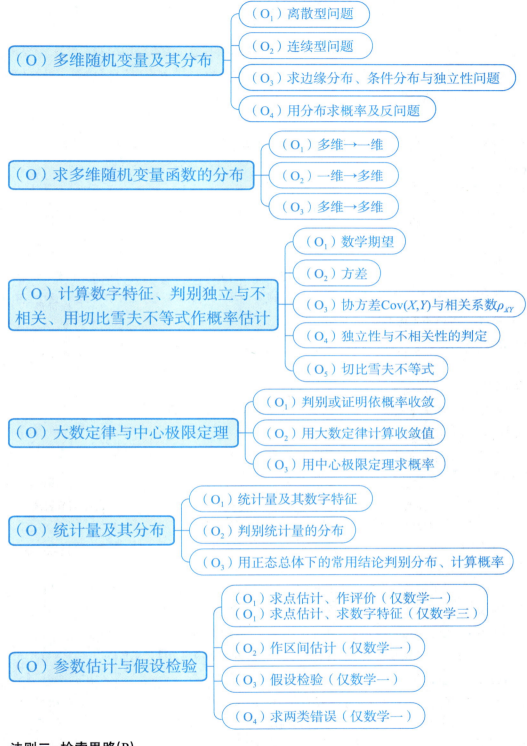

法则二：检索思路(P)

（1）常规思路(P_1).

①正向思路(P_{11}).

从已知条件出发,按照所学过的基本方法、典范思路进行下去,最终得到结果或结论.

②反向思路(P_{12}).

从结论出发,反向思考:如果要得到此结果或结论A,按照所学过的基本方法、典范思路,只要B成立即可,那么为了得到B成立,继续推理,只要C成立即可,依次类推,直到推理至已知条件,因已知条件成立,则A成立,从而思路完成.

③双向思路(P_{13}).

结合①,②,即从已知条件出发,尽量往下走;再从欲得结果或结论出发,尽量往上走.若推导过程衔接成立,则思路完成.

(2)反证思路(P_2).

当结论呼之欲出或者显然成立时,一般可假设其对立结论成立,推导出与已知成立的某条件矛盾,则思路完成.

(3)数学归纳(P_3).

涉及自然数n的命题A,包括数列的等式与不等式问题,n阶行列式的计算问题等,在试算n较小时的特殊情形后,增加$n=k$时A成立(第一数学归纳法)或者$n<k+1$时A成立(第二数学归纳法)这个强有力的条件,推导$n=k+1$时A成立.

(4)逆否思路(P_4).

给出命题T:"若A成立,则B成立."其逆否命题为S:"若$\overline{B}$成立,则$\overline{A}$成立."T与S等价,选择T或者S中更易进入思考程序的命题.

若A成立$\Leftrightarrow B$成立,则$\overline{A}$成立$\Leftrightarrow \overline{B}$成立,这也给解题提供了重要思路.

法则三:细节处理(D)

题目中的每一个文字、符号或图形可能都蕴含细节,要一个细节一个细节地处理! 要强调的是,不要同时处理多个细节!

(1)常规操作(D_1).

准确再现条件所表达的数学细节(定义、公式、定理等)即可.

(2)脱胎换骨(D_2).

①观察研究对象(D_{21}).

有一种细节,是把信息隐含在研究对象中的.它是奇、偶函数吗? 它是对称矩阵吗? 它是定义式、关系式还是约束式? 你不能指望它(们)在那里大喊:"看看我,我是偶函数!""看看我,我是极限定义!"做一个细致的观察者,看清楚你要面对的到底是谁,它(们)有什么性质、特点,写出来,用起来.D_{21}是解题者易忽略的,这就要在解题中不断积累这些隐含条件,并形成隐含条件体系块.

②转换等价表述(D_{22}).

有一种细节,是把信息隐藏在专业术语中的.为了隐藏数学对象的真正联系,题目往往用专业术语或者换一个等价说法来表述.这种陌生感会令人困惑,但是不要慌乱,试着翻译这个专业术语(直译),也可以试着使用另一个更直白的表述(意译),如果实在无法转换说法,干脆回到定义的说法上去! 记住,一个数学知识,无论如何表述,均是表达同一个考点! 而且要坚定信念:这个考点一定在考纲内且是典范的!D_{22}是解题者较陌生的,这就要在解题中不断积累这些等价表述,并形成等价表述体系块.

③化归经典形式(D_{23}).

有一种细节,是把信息隐藏在一个被动过手脚的式子中的.显然,它如果盖了一层被子,那就把被子掀开;如果盖了两层被子,那就一层一层地掀开;如果盖了三层被子,那就把卷子给撕了.这是玩笑.一般说来,对于一个陌生的式子,往往只需要做一步至两步的逆运算,就能看到一个熟悉的式子了.这个熟悉的意思是,它一定是经典的形式!比如,它成为一个经典公式、经典定理、经典结论的一部分甚至全部.D_{23}是解题者使用最为广泛的,这就要在解题中不断积累常见的经典形式,并形成形式化归体系块.

(3)移花接木(D_3).

经过(2)中①,②,③的细节处理,将(2)中①,②,③的成果按照题目的指令或逻辑联系起来,则豁然开朗,柳暗花明.

(4)可圈可点(D_4).

数学中有特殊与一般、数字与图形、对称与反对称等特点,从这些客观规律入手,便又是一个又一个可圈可点的好方法.

①试取特殊情形(D_{41}).

有一种细节,是复杂的,是很难看懂的.这时候,试着取一个简单的例子,比如取个常数,或者把高阶数降为2阶、3阶,使其不那么复杂,又或者试着引入新元,换掉旧元,使其变得更简洁.

②引入符号,数形结合(D_{42},D_{43}).

有一种细节,是分析性的,即使它具有简洁美,依然让人感到抽象.这时候,试着画一画图,引入一个符号.注意,图形、符号是另一种数学信息的表达,它们不是几何题的专属,对任何一开始似乎跟几何没什么关系的题目,图形、符号都可能是重要的帮手.

③善于发现对称(D_{44}).

有一种细节,是对称性的.发现它,用上它,对称的问题尽量用对称的手段去处理,如果是隐含对称性的,那么,还原对称性.

当然,这里可能还有④,⑤,…,期待学习者在研究过程中,写出自己可圈可点的细节处理.

在一个题目解答完毕后,可以再问自己一个问题:在这个解题过程中,到底是什么阻碍了我,又是什么最后帮到了我? 并把它们记录下来.

三、几点说明

第一点,本书全面贯彻前述"三向解题法",此方法是科学的、具有仪式感的、可操作的方法,但是一定要勤加练习,熟之,才能悟之.书中用三向解题法的记号标注了部分内容的思考要点,供参考.

第二点,学方法和学知识是不一样的,二者对书的读法不一样,对书的讲法也不一样.在研究本书的过程中,教,主要在于点拨,要教出可行的路子;学,主要在于落实,要学会独立行走.同时,需要指出的是,作为《考研数学基础30讲》的后续教材,本书注重集训强化功能,篇幅适中,利于考生短时间内完成任务,提高解题能力.

第三点,从学习解题,到学会解题,再到喜欢解题,任重而道远.我希望和学习者一起努力,探索科学的解题方法,提高解题能力,更重要的是建立科学的思考方式、形成研究客观规律的能力.

第四点,若学有余力或想更进一步研究考研数学命题与解题,可参考本人编著的《大学数学解题指南》与《大学数学题源大全》.

由于时间紧张,加之本人能力有限,且本书是有别于教科书和习题集的专门研究解题的拙著,难免有疏忽或者谬误,请读者指正,也诚挚欢迎对解题方法有兴趣或有研究的师生不吝赐教.

2025年4月于北京

目 录

第 1 讲　随机事件和概率 1

第 2 讲　一维随机变量及其分布 9

第 3 讲　一维随机变量函数的分布 22

第 4 讲　多维随机变量及其分布 27

第 5 讲　多维随机变量函数的分布 34

第 6 讲　数字特征 45

第 7 讲　大数定律与中心极限定理 54

第 8 讲　统计量及其分布 60

第 9 讲　参数估计与假设检验 67

附　录　条件数字特征 79

第1讲 随机事件和概率

三向解题法

计算随机事件的概率
(O(盯住目标))

- 用对立思想求事件概率
  (D_1(常规操作)+D_{22}(转换等价表述)+D_{42}(引入符号))
- 用条件思想求事件概率
  (D_1(常规操作)+D_{22}(转换等价表述)+D_{42}(引入符号))
- 用最值关系式处理事件概率
  (D_1(常规操作)+D_{23}(化归经典形式))
- 用互斥思想求事件概率
  (D_1(常规操作)+D_{22}(转换等价表述)+D_{42}(引入符号))
- 用单调性处理事件概率
  (D_1(常规操作)+D_{21}(观察研究对象))
- 用独立、有利或抑止处理事件概率
  (D_1(常规操作)+D_{22}(转换等价表述))

一、用对立思想求事件概率

(D_1(常规操作)+D_{22}(转换等价表述)+D_{42}(引入符号))

① $\overline{A \cup B} = \overline{A} \cap \overline{B}$, $\overline{AB} = \overline{A} \cup \overline{B}$.（长杠变短杠，开口换方向）

② $P(A) = 1 - P(\overline{A})$.

【注】于是有 $P(A \cup B) = 1 - P(\overline{A \cup B}) = 1 - P(\overline{A}\,\overline{B})$； $P(AB) = 1 - P(\overline{AB}) = 1 - P(\overline{A} \cup \overline{B})$.

例 1.1 在 1~100 的整数中随机地取一个数，则取到的整数既不能被 2 整除，又不能被 3 整除的概率为_____.

【解】应填 $\dfrac{33}{100}$. ——→ D_{22}(转换等价表述)

设 A 为事件"取到的数能被 2 整除"，B 为事件"取到的数能被 3 整除"，则

——→ D_{42}(引入符号)，这是概率论与数理统计中一个有特色的解题方法，要熟练掌握

$$p = P(\overline{A}\,\overline{B}) = P(\overline{A \cup B}) = 1 - P(A \cup B)$$
$$= 1 - [P(A) + P(B) - P(AB)].$$

由 $\frac{100}{2}=50$,故 $P(A)=\frac{50}{100}=\frac{1}{2}$. 又 $33<\frac{100}{3}<34$,故 $P(B)=\frac{33}{100}$.

同时能被 2 与 3 整除,即能被 6 整除,由 $16<\frac{100}{6}<17$,则

$$P(AB)=\frac{16}{100}=\frac{4}{25}.$$

故

$$p=1-\left(\frac{1}{2}+\frac{33}{100}-\frac{4}{25}\right)=\frac{33}{100}.$$

二、用互斥思想求事件概率

(D_1(常规操作)+D_{22}(转换等价表述)+D_{42}(引入符号))

① $A \cup B = A \cup \bar{A}B = B \cup A\bar{B} = A\bar{B} \cup AB \cup \bar{A}B$.

【注】于是有 $P(A \cup B) = P(A \cup \bar{A}B) = P(B \cup A\bar{B}) = P(A\bar{B} \cup AB \cup \bar{A}B) = P(A\bar{B}) + P(AB) + P(\bar{A}B)$.

② 若 B_1,B_2,B_3 为完备事件组,则 $A = AB_1 \cup AB_2 \cup AB_3$.

【注】于是有 $P(A) = P(AB_1) + P(AB_2) + P(AB_3)$.

③ $P(A\bar{B}) = P(A-B) = P(A) - P(AB)$.

④ $P(A+B) = P(A) + P(B) - P(AB)$.

⑤ $P(A+B+C) = P(A) + P(B) + P(C) - P(AB) - P(BC) - P(AC) + P(ABC)$.

⑥ 若 A_1,A_2,$\cdots$,$A_n(n \geq 2)$ 两两互斥,则 $P\left(\bigcup_{i=1}^{n} A_i\right) = \sum_{i=1}^{n} P(A_i)$.

例 1.2 设 A,B,C 为三个随机事件,且

$$P(A)=P(B)=P(C)=\frac{1}{4}, P(AB)=0, P(AC)=P(BC)=\frac{1}{12},$$

则 A,B,C 中恰有一个事件发生的概率为( ).

(A) $\frac{3}{4}$ (B) $\frac{2}{3}$ (C) $\frac{1}{2}$ (D) $\frac{5}{12}$

【解】应选(D).

$P(A\bar{B}\bar{C}) + P(\bar{A}B\bar{C}) + P(\bar{A}\bar{B}C)$

$= P(A\bar{B}) - P(A\bar{B}C) + P(\bar{A}B) - P(\bar{A}BC) + P(\bar{B}C) - P(A\bar{B}C)$

$= P(A) - P(AB) - [P(AC) - P(ABC)] + P(B) - P(AB) - [P(BC) - P(ABC)] + P(C) - P(BC) - [P(AC) - P(ABC)]$

$= \frac{1}{4} - 0 - \frac{1}{12} + 0 + \frac{1}{4} - 0 - \frac{1}{12} + 0 + \frac{1}{4} - \frac{1}{12} - \frac{1}{12} + 0 = \frac{5}{12}.$

三、用条件思想求事件概率 —→必考点，对计算能力提出较高要求，要加强训练

(D_1(常规操作)+D_{22}(转换等价表述)+D_{42}(引入符号))

① $P(A|B) = \dfrac{P(AB)}{P(B)}$ $(P(B)>0)$.

【注】注意 $P(B)>0$ 的条件，若 $P(B)=0$，此公式不能用．如设 $(X,Y) \sim f(x,y)$，则
$$P\{x_1 \leq X \leq x_2 | Y = y_0\} \neq \dfrac{P\{x_1 \leq X \leq x_2, Y = y_0\}}{P\{Y = y_0\}},$$
显然是因为 $P\{Y = y_0\} = 0$．故应先求 $Y = y_0$ 条件下的 X 的条件概率密度，再作积分，即先求 $f_{X|Y}(x|y_0) = \dfrac{f(x,y_0)}{f_Y(y_0)}$，则 $P\{x_1 \leq X \leq x_2 | Y = y_0\} = \int_{x_1}^{x_2} \dfrac{f(x,y_0)}{f_Y(y_0)} dx$．（见例 5.3）

② $P(AB) = P(B)P(A|B)$ $(P(B)>0)$
$\qquad = P(A)P(B|A)$ $(P(A)>0)$
$\qquad = P(A) + P(B) - P(A+B)$（由"二、④"知）
$\qquad = P(A) - P(A\bar{B})$（由"二、③"知）.

【注】当 $P(A_1 A_2) > 0$ 时，$P(A_1 A_2 A_3) = P(A_1) P(A_2|A_1) P(A_3|A_1 A_2)$.

③全概率公式．A_1，A_2，$\cdots$，A_n 为完备事件组，$P(A_i) > 0 (i=1,2,\cdots,n)$，则
$$P(B) = \sum_{i=1}^{n} P(A_i) P(B|A_i).$$

④贝叶斯公式．承接"③"，若已知事件 B 发生了，执果索因，有
$$P(A_j | B) = \dfrac{P(A_j B)}{P(B)} = \dfrac{P(A_j) P(B|A_j)}{\sum_{i=1}^{n} P(A_i) P(B|A_i)}, j = 1, 2, \cdots, n.$$

例 1.3 设 A，B，C 为随机事件，且 A 与 B 互不相容，A 与 C 互不相容，B 与 C 相互独立，$P(A) = P(B) = P(C) = \dfrac{1}{3}$，则 $P(B \cup C | A \cup B \cup C) = $ _____．

【解】应填 $\dfrac{5}{8}$．

由题意得，$P(AB) = 0, P(AC) = 0, P(BC) = P(B)P(C) = \dfrac{1}{9}$.

D_{22}(转换等价表述)
$$P(B \cup C | A \cup B \cup C) = \dfrac{P[(B \cup C) \cap (A \cup B \cup C)]}{P(A \cup B \cup C)}$$
$$= \dfrac{P(B) + P(C) - P(BC)}{P(A) + P(B) + P(C) - P(AB) - P(AC) - P(BC) + P(ABC)}$$
$$= \dfrac{\dfrac{1}{3} + \dfrac{1}{3} - \dfrac{1}{9}}{\dfrac{1}{3} + \dfrac{1}{3} + \dfrac{1}{3} - 0 - 0 - \dfrac{1}{9} + 0} = \dfrac{\dfrac{2}{3} - \dfrac{1}{9}}{1 - \dfrac{1}{9}} = \dfrac{\dfrac{5}{9}}{\dfrac{8}{9}} = \dfrac{5}{8}.$$

例 1.4 已知随机变量 X 与 Y 相互独立，$X \sim \begin{pmatrix} 0 & 1 \\ \frac{1}{4} & \frac{3}{4} \end{pmatrix}$，$Y$ 服从参数为 1 的指数分布，记

$$U = \begin{cases} 0, & X < Y, \\ 1, & X \geq Y, \end{cases} \quad V = \begin{cases} 0, & X < 2Y, \\ 1, & X \geq 2Y, \end{cases}$$

求 $P\{U=0\}$ 及 $P\{V=0\}$。

$Y \sim f_Y(y) = \begin{cases} e^{-y}, & y \geq 0, \\ 0, & y < 0, \end{cases}$

$Y \sim F_Y(y) = \begin{cases} 1 - e^{-y}, & y \geq 0, \\ 0, & y < 0. \end{cases}$

【解】X 是离散型的，Y 是连续型的，X 与 Y 相互独立，故由全概率公式得相应的概率，

$$\begin{aligned}
P\{U=0\} &= P\{X<Y\} = P\{X<Y, X=0\} + P\{X<Y, X=1\} \\
&= P\{Y>0, X=0\} + P\{Y>1, X=1\} \\
&= P\{X=0\}\underbrace{P\{Y>0\}}_{=1} + P\{X=1\}P\{Y>1\} \\
&= \frac{1}{4} + \frac{3}{4}\int_1^{+\infty} e^{-y}\,dy = \frac{1}{4} + \frac{3}{4}e^{-1},
\end{aligned}$$

$$\begin{aligned}
P\{V=0\} &= P\{X<2Y\} = P\{X<2Y, X=0\} + P\{X<2Y, X=1\} \\
&= P\{Y>0, X=0\} + P\left\{Y>\frac{1}{2}, X=1\right\} \\
&= P\{X=0\}\underbrace{P\{Y>0\}}_{=1} + P\{X=1\}P\left\{Y>\frac{1}{2}\right\} \\
&= \frac{1}{4} + \frac{3}{4}\int_{\frac{1}{2}}^{+\infty} e^{-y}\,dy = \frac{1}{4} + \frac{3}{4}e^{-\frac{1}{2}}.
\end{aligned}$$

四、用单调性处理事件概率

(D_1(常规操作)+D_{21}(观察研究对象))

隐含条件体系块
① $0 \leq P(A) \leq 1$。
② 若 $A \subseteq B$，则 $P(A) \leq P(B)$。
③ 由于 $AB \subseteq A \subseteq A+B$，故 $P(AB) \leq P(A) \leq P(A+B)$。

例 1.5 对任意的事件 A, B, C，证明：

（1）$P(AB) + P(AC) + P(BC) \leq P(A) + P(B) + P(C)$；

（2）当 $P(ABC) = \frac{1}{2}$ 时，$P(AB) + P(AC) + P(BC) \geq P(A) + P(B) + P(C) - \frac{1}{2}$。

【证】（1）因为
$$AB \subseteq B, \quad AC \subseteq A, \quad BC \subseteq C,$$

故根据单调性，可知
$$P(AB) \leq P(B), \quad P(AC) \leq P(A), \quad P(BC) \leq P(C),$$

故
$$P(AB) + P(AC) + P(BC) \leq P(A) + P(B) + P(C).$$

（2）
$$1 \geq P(A \cup B \cup C)$$
$$= P(A) + P(B) + P(C) - P(AB) - P(AC) - P(BC) + P(ABC),$$

故
$$P(AB)+P(AC)+P(BC) \geqslant P(A)+P(B)+P(C)+\frac{1}{2}-1$$
$$=P(A)+P(B)+P(C)-\frac{1}{2}.$$

五、用最值关系式处理事件概率
(D$_1$(常规操作)+D$_{23}$(化归经典形式))

当遇到与 $\max\{X,Y\}$，$\min\{X,Y\}$ 有关的事件时，下面一些关系式是经常要用到的：

① $\{\max\{X,Y\} \leqslant a\} = \{X \leqslant a\} \cap \{Y \leqslant a\}$；

② $\{\max\{X,Y\} > a\} = \{X > a\} \cup \{Y > a\}$；

【注】 $P\{\max\{X,Y\} \leqslant a\} = 1 - P\{\max\{X,Y\} > a\}$.

③ $\{\min\{X,Y\} \leqslant a\} = \{X \leqslant a\} \cup \{Y \leqslant a\}$；

④ $\{\min\{X,Y\} > a\} = \{X > a\} \cap \{Y > a\}$；

【注】 $P\{\min\{X,Y\} \leqslant a\} = 1 - P\{\min\{X,Y\} > a\}$.

⑤ $\{\max\{X,Y\} \leqslant a\} \subseteq \{\min\{X,Y\} \leqslant a\}$；

⑥ $\{\min\{X,Y\} > a\} \subseteq \{\max\{X,Y\} > a\}$；

⑦ $\max\{X,Y\} = \dfrac{X+Y+|X-Y|}{2}$；

⑧ $\min\{X,Y\} = \dfrac{X+Y-|X-Y|}{2}$；

⑨ $\max\{X,Y\} + \min\{X,Y\} = X+Y$；

⑩ $\max\{X,Y\} - \min\{X,Y\} = |X-Y|$；

⑪ $\max\{X,Y\} \cdot \min\{X,Y\} = XY$.

形式化归体系块

⑦~⑪，左有 max(min)，右无 max(min)，注意转化

例 1.6 设 X，Y 为连续型随机变量，且 $P\{X \geqslant 0, Y \geqslant 0\} = \dfrac{3}{7}$，$P\{X \geqslant 0\} = P\{Y \geqslant 0\} = \dfrac{4}{7}$，求下列事件的概率：（1）$A = \{\max\{X,Y\} \geqslant 0\}$；（2）$B = \{\max\{X,Y\} \geqslant 0, \min\{X,Y\} < 0\}$.

【解】（1）由于 $A = \{\max\{X,Y\} \geqslant 0\} = \{X, Y$ 至少有一个大于等于 $0\} = \{X \geqslant 0\} \cup \{Y \geqslant 0\}$，故
$$P(A) = P\{X \geqslant 0\} + P\{Y \geqslant 0\} - P\{X \geqslant 0, Y \geqslant 0\} = \frac{4}{7} + \frac{4}{7} - \frac{3}{7} = \frac{5}{7}.$$

（2）用全集分解，
$$A = \{\max\{X,Y\} \geqslant 0\} = \{\max\{X,Y\} \geqslant 0, \Omega\}$$
$$= \{\max\{X,Y\} \geqslant 0\} \cap (\{\min\{X,Y\} < 0\} \cup \{\min\{X,Y\} \geqslant 0\})$$
$$= \{\max\{X,Y\} \geqslant 0, \min\{X,Y\} < 0\} \cup \{\max\{X,Y\} \geqslant 0, \min\{X,Y\} \geqslant 0\}$$
$$= B \cup \{\min\{X,Y\} \geqslant 0\} = B \cup \{X \geqslant 0, Y \geqslant 0\},$$

故
$$P(B) = P(A) - P\{X \geq 0, Y \geq 0\} = \frac{5}{7} - \frac{3}{7} = \frac{2}{7}.$$

【注】还有不少涉及 max，min 的问题，如例 5.4，例 6.2，不一而足．

六、用独立、有利或抑止处理事件概率
(D_1(常规操作)+D_{22}(转换等价表述))

（1）定义．

设 A，B 为两个事件．

① 若 $P(AB) = P(A)P(B)$，则称事件 A 与 B **相互独立**．

② 若 $P(AB) > P(A)P(B)$，则称事件 A 与 B **相互有利**．

③ 若 $P(AB) < P(A)P(B)$，则称事件 A 与 B **相互抑止**．

【注】设 A_1，A_2，$\cdots$，A_n 为 $n(n \geq 2)$ 个事件，如果对其中任意有限个事件 A_{i_1}，A_{i_2}，$\cdots$，A_{i_k} $(2 \leq k \leq n)$，有
$$P(A_{i_1}A_{i_2}\cdots A_{i_k}) = P(A_{i_1})P(A_{i_2})\cdots P(A_{i_k}),$$
则称 n 个事件 A_1，A_2，$\cdots$，A_n 相互独立．

常考 $n=3$ 时的情形．设 A_1, A_2, A_3 为三个事件，若同时满足

$$P(A_1 A_2) = P(A_1)P(A_2), \qquad ①$$
$$P(A_1 A_3) = P(A_1)P(A_3), \qquad ②$$
$$P(A_2 A_3) = P(A_2)P(A_3), \qquad ③$$
$$P(A_1 A_2 A_3) = P(A_1)P(A_2)P(A_3), \qquad ④$$

则称事件 A_1, A_2, A_3 **相互独立**．当去掉上述④式后，称只满足①，②，③式的事件 A_1, A_2, A_3 **两两独立**．

（2）重要结论．

① 若 $A_1, A_2, \cdots, A_n$ 相互独立，则
$$P(A_1 A_2 \cdots A_n) = P(A_1)P(A_2)\cdots P(A_n).$$

② 若 A_1，A_2，$\cdots$，$A_n (n > 3)$ 相互独立，则
$$P\left(\bigcup_{i=1}^n A_i\right) = 1 - P\left(\overline{\bigcup_{i=1}^n A_i}\right) = 1 - P\left(\bigcap_{i=1}^n \overline{A_i}\right)$$
$$= 1 - \prod_{i=1}^n P(\overline{A_i}) = 1 - \prod_{i=1}^n [1 - P(A_i)].$$

③ A 与 B 相互独立 $\Leftrightarrow$ A 与 $\overline{B}$ 相互独立 $\Leftrightarrow$ $\overline{A}$ 与 B 相互独立 $\Leftrightarrow$ $\overline{A}$ 与 $\overline{B}$ 相互独立．

【注】将相互独立的事件组中的任何几个事件换成各自的对立事件，所得的新事件组仍相互独立．

④ A 与 B 相互有利 $\Leftrightarrow$ A 与 $\bar{B}$ 相互抑止 $\Leftrightarrow$ $\bar{A}$ 与 B 相互抑止 $\Leftrightarrow$ $\bar{A}$ 与 $\bar{B}$ 相互有利.

【注】证 A 与 B 相互有利，则 $P(AB) > P(A)P(B)$，于是 $P(A) - P(AB) < P(A) - P(A)P(B)$，即 $P(A\bar{B}) < P(A)P(\bar{B})$，故 A 与 $\bar{B}$ 相互抑止.
以上过程可逆.
同理，可证 $\bar{A}$ 与 B 相互抑止.
又由 A 与 B 相互有利，且 $P(A) = 1 - P(\bar{A})$，$P(B) = 1 - P(\bar{B})$，$P(AB) = 1 - P(\overline{AB}) = 1 - P(\bar{A} \cup \bar{B}) = 1 - P(\bar{A}) - P(\bar{B}) + P(\bar{A}\bar{B})$，故 $1 - P(\bar{A}) - P(\bar{B}) + P(\bar{A}\bar{B}) > [1 - P(\bar{A})][1 - P(\bar{B})]$，于是 $P(\bar{A}\bar{B}) > P(\bar{A})P(\bar{B})$，故 $\bar{A}$ 与 $\bar{B}$ 相互有利.
以上过程可逆.

⑤ 对独立事件组（不含相同事件）作运算，得到的新事件组仍独立，如 A，B，C，D 相互独立，则 AB 与 CD 相互独立，A 与 $BC - D$ 相互独立.

【注】直接使用，无须证明.

⑥ 若 $P(A) = 0$ 或 $P(A) = 1$，则 A 与任意事件 B 相互独立. ⟶ 不可能事件或必然事件与任意事件独立.

【注】证 若 $P(A) = 0$，由"四、③"，有 $P(AB) \le P(A)$，故 $0 \le P(AB) \le P(A) = 0$，则 $P(AB) = 0$，于是 $P(A)P(B) = P(AB)$；
若 $P(A) = 1$，则 $P(\bar{A}) = 1 - P(A) = 0$，又由"四、③"，有 $0 \le P(B\bar{A}) \le P(\bar{A}) = 0$，知 $P(B\bar{A}) = 0$，又 $P(B\bar{A}) = P(B) - P(AB)$，故 $P(B) = P(AB)$，即 $P(A)P(B) = P(AB)$.

⑦ 若 $0 < P(A) < 1$，$0 < P(B) < 1$，且 A 与 B 互斥或存在包含关系，则 A 与 B 一定不独立.

【注】证 若 $AB = \emptyset$，则 $P(AB) = 0 \ne P(A)P(B)$，故 A，B 不独立.
若 $A \subset B$，则 $AB = A$，从而 $P(AB) = P(A) \ne P(A)P(B)$，故 A，B 不独立.

例 1.7 若 $P(A) > 0$，则"A 与 B 相互独立"是"$P(B|A) = P(B)$"的（　　）.
（A）充分非必要条件　　　　　（B）必要非充分条件
（C）充要条件　　　　　　　　（D）既非充分也非必要条件

【解】应选（C）.

充分性. 由 A 与 B 相互独立，有 $P(AB) = P(A)P(B)$，于是 $P(B|A) = \dfrac{P(AB)}{P(A)} = P(B)$.

必要性. 由 $P(B|A) = P(B)$，知 $P(AB) = P(B|A)P(A) = P(A)P(B)$，则 A 与 B 相互独立. 故选（C）.

例 1.8 若 $0 < P(A) < 1$，且给出两式① $P(B|A) = P(B|\bar{A})$，② $P(B|A) + P(\bar{B}|\bar{A}) = 1$，则（　　）.
（A）①是 A 与 B 独立的充要条件，②不是　　　（B）②是 A 与 B 独立的充要条件，①不是
（C）①是 A 与 B 独立的充要条件，②也是　　　（D）①不是 A 与 B 独立的充要条件，②也不是

【解】应选（C）．

由 $P(B|\bar{A}) = P(B|A)$，有 $\dfrac{P(B\bar{A})}{P(\bar{A})} = \dfrac{P(B) - P(AB)}{1 - P(A)} = \dfrac{P(AB)}{P(A)}$，即

$$P(A)P(B) - P(A)P(AB) = P(AB) - P(A)P(AB),$$

也即 $P(A)P(B) = P(AB)$．上述过程可逆，故①成立．又 $P(B|\bar{A}) = 1 - P(\bar{B}|\bar{A})$，故②成立．选（C）．

例 1.9 若 $P(A) > 0$，则 "$P(AB) > P(A)P(B)$" 是 "$P(B|A) > P(B)$" 的（　　）．

（A）充分非必要条件　　　　　　　　（B）必要非充分条件

（C）充要条件　　　　　　　　　　　（D）既非充分也非必要条件

【解】应选（C）．

由于 $P(AB) > P(A)P(B)$，于是 $P(B|A) = \dfrac{P(AB)}{P(A)} > \dfrac{P(A)P(B)}{P(A)} = P(B)$．

以上过程可逆，故选（C）．

【注】若 $P(B) > 0$，则 A 与 B 相互有利 $\Leftrightarrow P(A|B) > P(A)$．

例 1.10 若 $0 < P(A) < 1$，则 "$P(AB) > P(A)P(B)$" 是 "$P(B|A) > P(B|\bar{A})$" 的（　　）．

（A）充分非必要条件　　　　　　　　（B）必要非充分条件

（C）充要条件　　　　　　　　　　　（D）既非充分也非必要条件

【解】应选（C）．

由于 $P(AB) > P(A)P(B)$，于是 $P(AB) - P(A)P(AB) > P(A)P(B) - P(A)P(AB)$，即 $\dfrac{P(AB)}{P(A)} > \dfrac{P(B) - P(AB)}{1 - P(A)} = \dfrac{P(B\bar{A})}{P(\bar{A})}$，也即 $P(B|A) > P(B|\bar{A})$．

以上过程可逆，选（C）．

【注】复杂随机事件的转换等价表述（D22）是核心，要总结积累．如：

① 见到求"既…，又…"的概率，一般记"既"之后的为 A，"又"之后的为 B，写成 $P(AB)$；更易出现的是"既不…，又不…"，同理可写成 $P(\bar{A}\bar{B})$，显而易见，这是使用对立思想的场合，于是有 $P(\bar{A}\bar{B}) = 1 - P(\overline{\bar{A}\bar{B}}) = 1 - P(A \cup B)$；至于"至少有…"，一般也是用对立思想处理．

② 见知"已知…""当…发生时"，求概率，方向上就是条件思想，是在求 $P(A|B)$，可考虑条件概率公式、乘法公式、全概率公式与贝叶斯公式．

③ 见到"不等号"或"不等关系"，方向上就是单调性或独立性中的相互有利、相互抑止．

④ 把握住"最值关系式"的形式化归体系．

这就是针对解题的复习方法．

第 2 讲 一维随机变量及其分布

三向解题法

```
          一维随机变量及其分布
              (O(盯住目标))
         ┌───────┼───────┐
      判分布     用分布     求分布
 (D₁(常规操作)+D₂₂(转换等价表述))  (D₁(常规操作))  (D₁(常规操作))
```

一、判分布 (D_1(常规操作)+D_{22}(转换等价表述))

（1）判分布函数.

①充要条件. →D_{22}(转换等价表述)

$F(x)$是分布函数 $\Leftrightarrow$ $F(x)$是x的单调不减且右连续的函数，且$F(-\infty)=0$，$F(+\infty)=1$.

②分布函数形式大观.

a. 设$F_i(x)$是分布函数，$\lambda_i>0$，$\sum_{i=1}^{n}\lambda_i=1$，则$\sum_{i=1}^{n}\lambda_i F_i(x)$是分布函数. 特别地，算术平均值$\dfrac{F_1(x)+F_2(x)}{2}$是分布函数.

b. 设$F(x)$是分布函数，则$F(x)$在$[x,x+T]$（$T>0$）上的均值$\dfrac{1}{T}\int_{x}^{x+T}F(t)dt$是分布函数.

可见，线性组合$\sum_{i=1}^{n}\lambda_i F_i(x)$及其连续形式均仍是分布函数.

c. 几何平均值$\sqrt{F_1(x)F_2(x)}$是分布函数.

d. $[F(x)]^n$，$1-[1-F(x)]^n$是分布函数. → max，min 的分布函数

（形式化归体系块）

（2）判分布律的充要条件.

$\{p_i\}$是概率分布 $\Leftrightarrow$ $p_i \geq 0$，且$\sum_{i}p_i=1$.

（3）判概率密度.

①充要条件.

$f(x)$ 是概率密度 $\Leftrightarrow f(x) \geq 0$，且 $\int_{-\infty}^{+\infty} f(x)\mathrm{d}x = 1$.

②概率密度形式大观.

a. 设 $f(x)$ 为概率密度，$\lambda_i > 0$，$\sum_{i=1}^{n}\lambda_i = 1$，则 $\sum_{i=1}^{n}\lambda_i f_i(x)$ 是概率密度. 特别地，$\frac{1}{2}[f_1(x) + f_2(x)]$ 是概率密度.

b. 设 $f(x)$ 为概率密度，则 $f(x)$ 在 $[x, x+T]$ （$T > 0$）上的均值 $\frac{1}{T}\int_{x}^{x+T} f(t)\mathrm{d}t$ 是概率密度.

【注】证 非负性显然，下证归一性.
$$\int_{-\infty}^{+\infty}\left[\frac{1}{T}\int_{x}^{x+T} f(t)\mathrm{d}t\right]\mathrm{d}x = \frac{1}{T}\int_{-\infty}^{+\infty}\mathrm{d}t\int_{t-T}^{t} f(t)\mathrm{d}x$$
$$= \int_{-\infty}^{+\infty} f(t)\mathrm{d}t = 1.$$

可见，线性组合 $\sum_{i=1}^{n}\lambda_i f_i(x)$ 及其连续形式仍是概率密度.

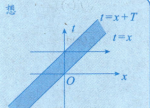
见到累次积分，想到交换积分次序

c. 设 X_i 的分布函数为 $F_i(x)$，概率密度为 $f_i(x)$，则 $\frac{2}{n}\sum_{i=1}^{n} F_i(x)f_i(x)$ 是概率密度.

【注】证 非负性显然，下证归一性. → 见到 F 与 F' 的积分 $\int FF'\mathrm{d}x$，想到凑微分法
$$\int_{-\infty}^{+\infty}\left[\frac{2}{n}\sum_{i=1}^{n} F_i(x)f_i(x)\right]\mathrm{d}x = \frac{2}{n}\sum_{i=1}^{n}\int_{-\infty}^{+\infty} F_i(x)\mathrm{d}[F_i(x)] = \frac{2}{n}\sum_{i=1}^{n}\frac{1}{2}F_i^2(x)\Big|_{-\infty}^{+\infty} = \frac{2}{n}\cdot\frac{1}{2}\cdot n = 1.$$

d. 设 X_i 的分布函数为 $F_i(x)$，概率密度为 $f_i(x)$，则 $f_1(x)F_2(x)\cdots F_n(x) + F_1(x)f_2(x)\cdots F_n(x) + \cdots + F_1(x)F_2(x)\cdots f_n(x)$ 是概率密度.

【注】证 非负性显然，下证归一性.
$$\int_{-\infty}^{+\infty}[f_1(x)F_2(x)\cdots F_n(x) + F_1(x)f_2(x)\cdots F_n(x) + \cdots + F_1(x)F_2(x)\cdots f_n(x)]\mathrm{d}x$$
$$= \int_{-\infty}^{+\infty}[F_1'(x)F_2(x)\cdots F_n(x) + F_1(x)F_2'(x)\cdots F_n(x) + \cdots + F_1(x)F_2(x)\cdots F_n'(x)]\mathrm{d}x$$
$$= F_1(x)F_2(x)\cdots F_n(x)\Big|_{-\infty}^{+\infty} = 1.$$

→ 道理同"c."

e. 设 $F(x)$ 是分布函数，$f(x)$ 是对应的概率密度，则 $n[F(x)]^{n-1}f(x)$，$n[1-F(x)]^{n-1}f(x)$ 是概率密度.

（4）反问题. → D_{22}（转换等价表述）

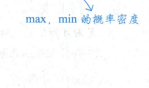
max，min 的概率密度

用 $\begin{cases} F(-\infty) = 0, \\ F(+\infty) = 1, \\ \sum_i p_i = 1, \\ \int_{-\infty}^{+\infty} f(x)\mathrm{d}x = 1 \end{cases}$ 建方程，求参数.

例 2.1 设连续型随机变量 X_1，X_2 的概率密度分别为 $f_1(x)$，$f_2(x)$，其分布函数分别为 $F_1(x)$，$F_2(x)$，记 $g_1(x)=f_1(x)F_2(x)+f_2(x)F_1(x)$，$g_2(x)=f_1(x)F_1(x)+f_2(x)F_2(x)$，$g_3(x)=\dfrac{1}{2}[f_1(x)+f_2(x)]$，$g_4(x)=\sqrt{f_1(x)f_2(x)}$，则 $g_1(x)$，$g_2(x)$，$g_3(x)$，$g_4(x)$ 这 4 个函数中一定能作为概率密度的共有（　　）个．

(A) 1　　　　(B) 2　　　　(C) 3　　　　(D) 4

【解】应选（C）．

由"一、（3）"知 $g_1(x)$，$g_2(x)$，$g_3(x)$ 均可作为概率密度，但 $g_4(x)=\sqrt{f_1(x)f_2(x)}$ 不一定是概率密度，理由如下．

由于 $\sqrt{f_1(x)f_2(x)}\leqslant\dfrac{f_1(x)+f_2(x)}{2}$，且只有当 $f_1(x)=f_2(x)$ 时，等号成立，故由积分保号性，得 $\int_{-\infty}^{+\infty}\sqrt{f_1(x)f_2(x)}\mathrm{d}x<\int_{-\infty}^{+\infty}\dfrac{f_1(x)+f_2(x)}{2}\mathrm{d}x=1$，如

$$f_1(x)=\begin{cases}2x, & 0<x<1,\\ 0, & \text{其他}\end{cases}\quad f_2(x)=\begin{cases}4x^3, & 0<x<1,\\ 0, & \text{其他}\end{cases}$$

都是概率密度，但 $\sqrt{f_1(x)f_2(x)}=\begin{cases}2\sqrt{2}x^2, & 0<x<1,\\ 0, & \text{其他}\end{cases}$ 不是概率密度，因为

$$\int_{-\infty}^{+\infty}\sqrt{f_1(x)f_2(x)}\mathrm{d}x=\int_0^1 2\sqrt{2}x^2\mathrm{d}x=\dfrac{2\sqrt{2}}{3}<1.$$

综上所述，$g_1(x)$，$g_2(x)$，$g_3(x)$，$g_4(x)$ 这 4 个函数中一定能作为概率密度的共有 3 个．应选（C）．

【注】思考为何 $\sqrt{f_1(x)f_2(x)}$ 不能作为概率密度，而 $\sqrt{F_1(x)F_2(x)}$ 可作为分布函数？

答：因为 $\sqrt{F_1(x)F_2(x)}$ 只计算 $x\to+\infty$ 时的极限．

二、用分布 (D₁(常规操作))

1. 离散型分布

（1）0—1 分布．

$X\sim B(1,p)$，X（伯努利计数变量）$\sim\begin{pmatrix}1 & 0\\ p & 1-p\end{pmatrix}$．

$EX=p$，$DX=p(1-p)$．

（2）二项分布．

$X\sim B(n,p)\begin{cases}n\text{次试验相互独立}；\\ P(A)=p；\\ \text{只有}A, \overline{A}\text{两种结果．}\end{cases}$

记 X 为 A 发生的次数，则

$$P\{X=k\}=C_n^k p^k(1-p)^{n-k},\quad k=0,1,2,\cdots,n,$$

$$EX = np, \quad DX = np(1-p).$$

二项分布 $X \sim B(n,p)$ 还具有如下性质:

① $Y=n-X$ 服从二项分布 $B(n,q)$，其中 $q=1-p$.

> 【注】设 X 为 A 发生的次数，Y 为 $\bar{A}$ 发生的次数，即 $Y = n - X$，则
> $$P\{Y = n-k\} = P\{X = k, Y = n-k\}$$
> $$= C_n^k p^k C_{n-k}^{n-k}(1-p)^{n-k}$$
> $$= P\{X = k\},$$
> 故 $Y \sim B(n,q), \quad q = 1-p$.

② 对固定的 n 和 p，随着 k 的增大，$P\{X=k\}$ 先上升到最大值而后下降，如图（a）和（b）所示.

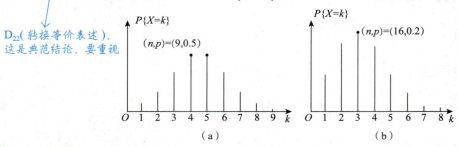

（a） （b）

a. 当 $(n+1)p$ 为整数时，$P\{X = (n+1)p\} = P\{X = (n+1)p - 1\}$ 最大.

b. 当 $(n+1)p$ 不为整数时，$P\{X = [(n+1)p]\}$ 最大，其中 $[(n+1)p]$ 表示 $(n+1)p$ 的整数部分.

例 2.2 设某篮球运动员每次投篮投中的概率是 0.8，每次投篮的结果相互独立，则该运动员在 10 次投篮中，最有可能投中的次数为_____.

【解】应填 8.

此题为客观题，则可按照"二、1.（2）② b."的结论，将 $n=10$，$p=0.8$ 代入，直接求出
$$(n+1)p = 11 \times 0.8 = 8.8, \quad k = [8.8] = 8.$$

例 2.3 投保人的损失事件发生时，保险公司的赔付额 Y 与投保人的损失额 X 的关系为
$$Y = \begin{cases} 0, & X \leq 100, \\ X - 100, & X > 100. \end{cases}$$

设损失事件发生时，投保人的损失额 X 的概率密度为
$$f(x) = \begin{cases} \dfrac{2 \times 100^2}{(100+x)^3}, & x > 0, \\ 0, & x \leq 0. \end{cases}$$

（1）求 $P\{Y > 0\}$ 及 EY；

（2）这种损失事件在一年内发生的次数记为 N，保险公司在一年内就这种损失事件产生的理赔次数记为 M，假设 N 服从参数为 8 的泊松分布，在 $N = n(n \geq 1)$ 的条件下，M 服从二项分布 $B(n,p)$，其中 $p = P\{Y > 0\}$，求 M 的概率分布.

【解】（1）$P\{Y > 0\} = P\{X - 100 > 0\} = P\{X > 100\} = \int_{100}^{+\infty} \dfrac{2 \times 100^2}{(100+x)^3} dx = \dfrac{1}{4}$.

$$EY = \int_{100}^{+\infty}(x-100)\frac{2\times 100^2}{(100+x)^3}dx = 50.$$

（2）由题知，$N \sim P(8)$，$P\{M=m \mid N=n\} = C_n^m \left(\frac{1}{4}\right)^m \left(\frac{3}{4}\right)^{n-m}$，由乘法公式可得

$$P\{M=m, N=n\} = P\{N=n\}P\{M=m \mid N=n\}$$

▷ D_{22}（转换等价表述）

$$= \frac{8^n}{n!}e^{-8} \cdot C_n^m \cdot \left(\frac{1}{4}\right)^m \cdot \left(\frac{3}{4}\right)^{n-m},$$

其中 $m = 0,1,\cdots,n; n = 1,2,\cdots$.

故 M 的概率分布为

$$P\{M=m\} = \sum_{n=m}^{\infty} P\{M=m, N=n\} = \sum_{n=m}^{\infty} \frac{8^n}{n!}e^{-8} \cdot C_n^m \cdot \left(\frac{1}{4}\right)^m \cdot \left(\frac{3}{4}\right)^{n-m}$$

$$= \sum_{n=m}^{\infty} \frac{8^n}{n!}e^{-8} \cdot \frac{n!}{m!(n-m)!}\left(\frac{1}{4}\right)^m \cdot \left(\frac{3}{4}\right)^{n-m}$$

$$= \left(\frac{1}{4}\right)^m e^{-8} \frac{8^m}{m!} \sum_{n=m}^{\infty} \frac{8^{n-m}}{(n-m)!} \cdot \left(\frac{3}{4}\right)^{n-m}$$

$$= \left(\frac{1}{4}\right)^m e^{-8} \frac{8^m}{m!} \sum_{n=m}^{\infty} \frac{6^{n-m}}{(n-m)!} = \frac{2^m}{m!} e^{-8} \cdot e^6 = \frac{2^m}{m!} e^{-2},$$

即 $P\{M=m\} = \frac{2^m}{m!}e^{-2}, m = 0,1,2,\cdots$，即 $M \sim P(2)$.

【注】①此种带有实际背景的题目，在复习过程中可有效训练考生的做题能力，并提高考生综合应用数学工具解决实际问题的能力，且命题时，已将"引入符号"的工作给考生做好了，降低了此题的难度.
②提高数学题的阅读理解能力，是解决数学题的重要一环. 这里不是指中文的阅读理解能力，而是将文字描述准确理解并转化成数学表述的能力.

（3）离散型首次冲击分布（几何分布）.

在伯努利试验序列中 $P(A) = p$，$P(\bar{A}) = 1-p$，首次出现 A 即停止（即首次冲击即失效）. 令 X 为试验次数，则 $P\{X=k\} = p(1-p)^{k-1}, k = 1, 2, \cdots$，其中 $P\{X=1\}$ 最大，且 $EX = \frac{1}{p}$，$DX = \frac{1-p}{p^2}$.

例 2.4 在伯努利试验序列中，$P(A) = \frac{1}{2}$，第 2 次出现 A 即停止. 令 X 为试验次数，求 X 的分布律及 EX, DX.

▷ D_{42}（引入符号）

【解】记 $p = P(A) = \frac{1}{2}$，令 X_1 表示第 1 次出现 A 的试验次数，X_2 表示第 2 次出现 A 的试验次数，将总过程分解为 2 个子过程，且因试验为独立重复进行，故这 2 个子过程依然是独立同分布的，于是就有 $X = X_1 + X_2$，且

▷ D_{22}（转换等价表述）

$$P\{X_1=k_1, X_2=k_2\} = p(1-p)^{k_1-1} \cdot p(1-p)^{k_2-1}$$
$$= p^2(1-p)^{k-2},$$

其中，$k_1+k_2=k, k=2,3,\cdots$.

故 $\quad P\{X=k\} = C_{k-1}^1 \cdot P\{X_1=k_1, X_2=k_2\}$
$$= (k-1)p^2(1-p)^{k-2}$$
$$= (k-1)\frac{1}{4}\left(\frac{1}{2}\right)^{k-2}$$
$$= (k-1)\left(\frac{1}{2}\right)^k.$$

k 个球放入 2 个盒子中，盒子不空.
$k-1$ 个位置上任意放 1 个隔板.

于是我们可以知道，这是 2 个独立同分布的几何分布的 X_i 之和的分布.

由 $EX_i = \frac{1}{p}$，$DX_i = \frac{1-p}{p^2}$，得 $EX = \frac{2}{p} = 4$，$DX = \frac{2(1-p)}{p^2} = 4$.

（4）超几何分布.

N 件产品中有 M 件正品，从中无放回地随机抽取 n 件，则取到 k 个正品的概率为

$$P\{X=k\} = \frac{C_M^k C_{N-M}^{n-k}}{C_N^n}, k \text{ 为整数}, \max\{0, n-N+M\} \leq k \leq \min\{n, M\}, \text{ 且 } EX = \frac{nM}{N}$$

（5）泊松分布.

泊松分布是指某单位时间段，某场合下，源源不断的随机质点流的个数，也常用于描述稀有事件的概率.

$$P\{X=k\} = \frac{\lambda^k}{k!}e^{-\lambda}(k=0,1,\cdots; \lambda>0),$$

λ 表示强度 $(EX=\lambda)$，且 $P\{X=[\lambda]\}$ 最大，其中 $[\lambda]$ 表示对 λ 取整.

【注】**泊松定理** 若 $X \sim B(n,p)$，当 n 很大，p 很小，$\lambda=np$ 适中时，二项分布可用泊松分布近似表示，即 $C_n^k p^k (1-p)^{n-k} \approx \frac{\lambda^k}{k!}e^{-\lambda}$.

一般地，当 $n \geq 20$，$p \leq 0.05$ 时，用泊松近似公式逼近二项分布效果比较好，特别当 $n \geq 100$，$np \leq 10$ 时，逼近效果更佳. 要求考生"会用泊松分布近似表示二项分布"，应予以重视.

例 2.5 一本 500 页的书，共有 100 个错字，每个错字等可能出现在每页，按照泊松定理，在给定的一页上至少有 2 个错字的概率为（　　）.

(A) $1-e^{-\frac{2}{5}}$　　(B) $1-e^{-\frac{1}{5}}$　　(C) $1-\frac{5}{6}e^{-\frac{1}{5}}$　　(D) $1-\frac{6}{5}e^{-\frac{1}{5}}$

【解】应选（D）.

本题的关键是如何建立其概型. 由题意，每个错字出现在某页上的概率均为 $\frac{1}{500}$，100 个错字就可看作 100 次伯努利试验，于是问题就迎刃而解了.

设 A 表示"给定的一页上至少有 2 个错字"，于是有

$$P(A) = 1 - P(\bar{A})$$
$$= 1 - \sum_{i=0}^{1} C_{100}^{i} \left(\frac{1}{500}\right)^{i} \left(1 - \frac{1}{500}\right)^{100-i}$$
$$= 1 - \left(1 - \frac{1}{500}\right)^{100} - 100 \times \frac{1}{500} \times \left(1 - \frac{1}{500}\right)^{99},$$

由泊松定理得 $P(A) \approx 1 - e^{-\frac{1}{5}} - \frac{1}{5} e^{-\frac{1}{5}} = 1 - \frac{6}{5} e^{-\frac{1}{5}}$.

2. 连续型分布

（1）**均匀分布** $U(a,b)$.

如果随机变量 X 的概率密度和分布函数分别为

$$f(x) = \begin{cases} \dfrac{1}{b-a}, & a < x < b, \\ 0, & 其他, \end{cases} \quad F(x) = \begin{cases} 0, & x < a, \\ \dfrac{x-a}{b-a}, & a \leq x < b, \\ 1, & x \geq b, \end{cases}$$

则称 X 在区间 (a,b) 上服从**均匀分布**，记为 $X \sim U(a,b)$ [见图（a），（b）].

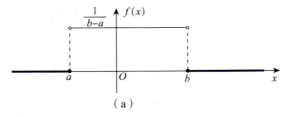
（a）

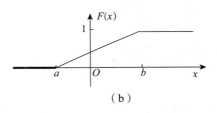
（b）

【注】（1）区间 (a,b) 可以是 $[a,b]$.

（2）几何概型是均匀分布的实际背景，于是有另一种表示形式"X 在 I 上的任一子区间取值的概率与该子区间长度成正比"，即 $X \sim U(I)$.

（3）$X \sim U(0,1)$，则 $Y = 1 - X \sim U(0,1)$. 由此亦可知，X, Y 服从相同的分布，但 $P\{X = Y\} = 0$，X 与 Y 不是相同的随机变量.

（4）$X \sim U(0,1)$，则 $Y = -2\ln X \sim E\left(\dfrac{1}{2}\right)$ （见例 3.6）.

（2）**连续型首次冲击分布（指数分布）**.

设随机质点流的计数过程为 $\{N_t\}(t \geq 0)$，N_t 服从参数为 λt 的泊松分布. 令 T_1 表示第 1 个质点到来的时刻，则当 $t > 0$ 时，令 $A = \{T_1 > t\}$ 表示第 1 个质点在时刻 t 之后到来，$B = \{N_t = 0\}$ 表示在 $[0, t]$ 时间上有 0 个质点到来，即 A 与 B 是相等事件，故 $P(A) = P(B)$，即

$$P\{T_1 > t\} = P\{N_t = 0\} = \frac{(\lambda t)^0}{0!} e^{-\lambda t} = e^{-\lambda t},$$

于是
$$F_{T_1}(t) = P\{T_1 \leq t\} = 1 - e^{-\lambda t}, t > 0,$$

即 T_1 服从参数为 λ 的指数分布.

如果 X 的概率密度和分布函数分别为

$$f(x)=\begin{cases}\lambda e^{-\lambda x}, & x\geq 0,\\ 0, & \text{其他}\end{cases}(\lambda>0), F(x)=\begin{cases}1-e^{-\lambda x}, & x\geq 0,\\ 0, & x<0\end{cases}(\lambda>0),$$

则称 X 服从参数为 λ 的**指数分布**，记为 $X\sim E(\lambda)$ [见图（a），（b）].

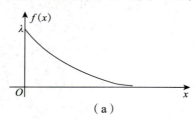

(a)

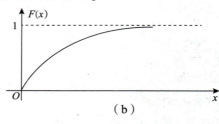

(b)

【注】（1）当 $t,s>0$ 时，$P\{X\geq t+s|X\geq t\}=P\{X\geq s\}$ 称为指数分布的无记忆性.

（2）$EX=\dfrac{1}{\lambda}$ 称为平均寿命，也称为平均等待时间，λ 称为失效频率，它是一个常数，只有失效频率不变，元件无损耗，才有无记忆性.

（3）特别地，当 $\lambda=\dfrac{1}{2}$，即 $X\sim f(x)=\begin{cases}\dfrac{1}{2}e^{-\frac{x}{2}}, & x\geq 0,\\ 0, & x<0\end{cases}$ 时，也称 X 服从自由度为 2 的 χ^2 分布，故 $E\left(\dfrac{1}{2}\right)$ 与 $\chi^2(2)$ 是同一分布. $\quad\leftarrow D_{41}$（试取特殊情形），此处得到重要分布及结论.

（4）若 $X\sim E(1)$，则 $2X\sim E\left(\dfrac{1}{2}\right)$，$2X\sim\chi^2(2)$.

（5）若 $X\sim E(\lambda)$，则 $2\lambda X\sim E\left(\dfrac{1}{2}\right)$，$2\lambda X\sim\chi^2(2)$.

例 2.6 设连续型随机变量 $X(\geq 0)$ 的分布函数为 $F(x)$，且 EX 存在，则 $EX=(\quad)$.

(A) $\displaystyle\int_0^{+\infty}F(x)dx$ (B) $\displaystyle\int_0^{+\infty}F^2(x)dx$ (C) $\displaystyle\int_0^{+\infty}[1-F(x)]dx$ (D) $\displaystyle\int_0^{+\infty}[1+F(x)]dx$

【解】应选（C）.

由于 $F(x)=\displaystyle\int_0^x f(t)dt$，其中 $f(x)$ 为 X 的概率密度，故

$$EX=\int_{-\infty}^{+\infty}xf(x)dx=\int_0^{+\infty}\left(\int_0^x dy\right)f(x)dx=\int_0^{+\infty}dx\int_0^x f(x)dy$$

$$=\int_0^{+\infty}\left[\int_y^{+\infty}f(x)dx\right]dy$$

D_{23}（化归经典形式）$\leftarrow\quad=\displaystyle\int_0^{+\infty}[1-F(y)]dy=\int_0^{+\infty}[1-F(x)]dx.$

例 2.7 设 X 为仅取非负整数值的随机变量，且其 k 阶矩存在，$k=1,2,\cdots$，记 $\bar{F}_i=P\{X\geq i\}$，$i=0,1,2,\cdots$，则 $EX=(\quad)$.

(A) $\displaystyle\sum_{i=1}^{\infty}\bar{F}(i)$ (B) $\displaystyle\sum_{i=1}^{\infty}[\bar{F}(i)]^2$ (C) $\displaystyle\sum_{i=1}^{\infty}[1-\bar{F}(i)]$ (D) $\displaystyle\sum_{i=1}^{\infty}[1-\bar{F}(i)]^2$

【解】应选（A）.

$$EX = \sum_{k=0}^{\infty} kP\{X=k\}$$

$$= \sum_{k=1}^{\infty} kP\{X=k\} = P\{X=1\} + 2P\{X=2\} + 3P\{X=3\} + \cdots$$

D_{22}(转换等价表述) $\Longleftarrow = (P\{X=1\}+P\{X=2\}+\cdots)+(P\{X=2\}+P\{X=3\}+\cdots)+(P\{X=3\}+P\{X=4\}+\cdots)+\cdots$

$$= P\{X \geq 1\} + P\{X \geq 2\} + \cdots$$

$$= \sum_{k=1}^{\infty} P\{X \geq k\} = \sum_{k=1}^{\infty} \bar{F}(k).$$

选（A）．

例 2.8 若 $X \sim f_X(x) = \dfrac{1}{2}\mathrm{e}^{-|x|}$，$-\infty < x < +\infty$，则 $|X|$ 的概率密度为 _____．

【解】应填 $f_{|X|}(x) = \begin{cases} \mathrm{e}^{-x}, & x \geq 0, \\ 0, & x < 0. \end{cases}$

当 $x \geq 0$ 时，$\quad F_{|X|}(x) = P\{|X| \leq x\} = P\{-x \leq X \leq x\}$

$$= P\{X \leq x\} - P\{X \leq -x\}$$

$$= F_X(x) - F_X(-x),$$

故 $f_{|X|}(x) = f_X(x) + f_X(-x) = \dfrac{1}{2}\mathrm{e}^{-x} + \dfrac{1}{2}\mathrm{e}^{-x} = \mathrm{e}^{-x}$．

当 $x < 0$ 时，$F_{|X|}(x) = P\{|X| \leq x\} = 0$，于是 $|X| \sim f_{|X|}(x) = \begin{cases} \mathrm{e}^{-x}, & x \geq 0, \\ 0, & x < 0. \end{cases}$

【注】（1）题设 X 服从拉氏分布 $La(0,1)$，$f(x)$ 的图像如图（a）所示，对比标准正态分布 $N(0,1)$，$\varphi(x)$ 的图像如图（b）所示．可以看出，当 $x \to \infty$ 时，$\varphi(x) \to 0$ 的速度远快于 $f(x) \to 0$ 的速度，故 $f(x)$ 相对于 $\varphi(x)$，称为两端"厚尾"分布，$f(x)$ 适用于数据值较大（极端值）的情形，于是当极端值出现较多时，应考虑用 $f(x)$ 而非 $\varphi(x)$．

（2）回到本题，$|x|$ 对于 x，无非是取 $x(x>0)$ 与取 $-x$ 的概率相加，即 $\dfrac{1}{2}\mathrm{e}^{-x} + \dfrac{1}{2}\mathrm{e}^{-x} = \mathrm{e}^{-x}$．

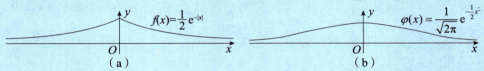

（a）　　　　　　　　　　　　（b）

（3）自由度为 1 的 t 分布（标准柯西分布）．

若 $\quad X \sim f(x) = \dfrac{1}{\pi(1+x^2)}$，$-\infty < x < +\infty$，

则称 X 服从自由度为 1 的 t 分布（标准柯西分布），即 $X \sim t(1)$（t 分布的详细内容见第 8 讲的"一、3．"），这是用于描述受迫共振的一种分布．

$\longrightarrow D_{41}$（试取特殊情形），此处得到重要分布

【注】它的 EX，DX 均不存在，这是考生熟知的．

（4）正态分布．

若 $X \sim f(x) = \dfrac{1}{\sqrt{2\pi}\sigma}\mathrm{e}^{-\frac{(x-\mu)^2}{2\sigma^2}}$，$-\infty < x < +\infty$，其中 $-\infty < \mu < +\infty$，$\sigma > 0$，则称 X 服从参数为 (μ,σ^2) 的正

态分布，记为 $X \sim N(\mu,\sigma^2)$.

【注】（1）$\mu=0$，$\sigma=1$ 时的正态分布为标准正态分布，记为 $X \sim N(0,1)$.

$$X \sim \varphi(x) = \frac{1}{\sqrt{2\pi}} e^{-\frac{x^2}{2}}, \quad \Phi(x) = \int_{-\infty}^{x} \frac{1}{\sqrt{2\pi}} e^{-\frac{t^2}{2}} dt,$$

且

$$Y=|X| \sim f_Y(y) = \begin{cases} \frac{2}{\sqrt{2\pi}} e^{-\frac{y^2}{2}}, & y>0 \\ 0, & y\le 0 \end{cases} = \begin{cases} 2\varphi(y), & y>0 \\ 0, & y\le 0. \end{cases}$$

这个道理见例 2.8 注（2）.

（2）计算公式与重要数据.

若 $X \sim N(0,1)$，则有

$$\Phi(-x) = 1 - \Phi(x); \quad \Phi(0) = \frac{1}{2};$$
$$P\{|X| \le a\} = 2\Phi(a) - 1 \ (a>0).$$

（3）标准化. ⟶ D_{23}（化归经典形式），牢记"标准化"操作

若 $X \sim N(\mu,\sigma^2)$，则

$$\frac{X-\mu}{\sigma} \sim N(0,1),$$

且有

$$F(x) = P\{X \le x\} = \Phi\left(\frac{x-\mu}{\sigma}\right),$$

$$P\{a \le X \le b\} = \Phi\left(\frac{b-\mu}{\sigma}\right) - \Phi\left(\frac{a-\mu}{\sigma}\right),$$

$$P\{\mu - k\sigma \le X \le \mu + k\sigma\} = 2\Phi(k) - 1 \ (k>0).$$

（4）含参数的概率密度的结构.

设函数 $f(x) = ke^{-(ax^2+bx+c)}$，$x \in (-\infty, +\infty)(a>0)$，则

$$ax^2 + bx + c = a\left[\left(x + \frac{b}{2a}\right)^2 + \frac{4ac-b^2}{4a^2}\right],$$

⟶ D_{23}（化归经典形式）

且 $k = \sqrt{\dfrac{a}{\pi}} e^{\frac{4ac-b^2}{4a}}$，如 $f(x) = ke^{-\left(\frac{x^2}{4} + \frac{x}{2} + \frac{1}{4}\right)}$，则

$$\frac{x^2}{4} + \frac{x}{2} + \frac{1}{4} = \frac{1}{4}\left[\left(x + \frac{\frac{1}{2}}{2 \cdot \frac{1}{4}}\right)^2 + \frac{4 \cdot \frac{1}{4} \cdot \frac{1}{4} - \left(\frac{1}{2}\right)^2}{4 \cdot \left(\frac{1}{4}\right)^2}\right]$$

$$= \frac{1}{4}(x+1)^2,$$

且 $k = \sqrt{\dfrac{1}{4\pi}} e^0 = \dfrac{1}{2\sqrt{\pi}}$.

例 2.9 设 X_1，X_2，X_3 是随机变量，且

$$X_1 \sim N(0,1), X_2 \sim N(0,2^2), X_3 \sim N(5,3^2),$$
$$p_i = P\{-2 \leq X_i \leq 2\}(i=1,2,3),$$

则（　　）．

(A) $p_1 > p_2 > p_3$　　(B) $p_2 > p_1 > p_3$　　(C) $p_3 > p_1 > p_2$　　(D) $p_1 > p_3 > p_2$

【解】应选（A）．

$$p_1 = \Phi(2) - \Phi(-2) = 2\Phi(2) - 1,$$
$$p_2 = \Phi\left(\frac{2}{2}\right) - \Phi\left(\frac{-2}{2}\right) = 2\Phi(1) - 1,$$
$$p_3 = \Phi\left(\frac{2-5}{3}\right) - \Phi\left(\frac{-2-5}{3}\right) = \Phi(-1) - \Phi\left(-\frac{7}{3}\right),$$

易见 $p_1 > p_2$．又 $p_2 > 0.5, p_3 < 0.5$，故 $p_2 > p_3$．

综上可知，$p_1 > p_2 > p_3$．

【注】结合正态分布概率密度曲线的几何特征以及概率 $p_i = P\{-2 \leq X_i \leq 2\}$ 的几何意义也可以直观判断出 $p_1 > p_2 > p_3$．

3. 利用分布求概率及反问题

（1）$X \sim F(x)$，则

① $P\{X \leq a\} = F(a)$；

② $P\{X < a\} = F(a-0)$；

③ $P\{X = a\} = P\{X \leq a\} - P\{X < a\} = F(a) - F(a-0)$；

④ $P\{a < X < b\} = P\{X < b\} - P\{X \leq a\} = F(b-0) - F(a)$；

⑤ $P\{a \leq X \leq b\} = P\{X \leq b\} - P\{X < a\} = F(b) - F(a-0)$．

（2）$X \sim p_i$，则 $\quad P\{X \in I\} = \sum\limits_{x_i \in I} P\{X = x_i\}$

（3）$X \sim f(x)$，则 $\quad P\{X \in I\} = \int_I f(x)\mathrm{d}x$

⎫形式化归体系块

（4）反问题：已知概率反求参数．

例 2.10 设随机变量 X 的分布函数为 $F(x) = \begin{cases} 1 - \mathrm{e}^{-\sqrt{\lambda x}}, & x > 0, \\ 0, & \text{其他} \end{cases}(\lambda > 0)$，记

$$p_1 = P\{X > x\}, p_2 = P\{X > x+t \mid X > t\}, p_3 = P\{X > x-t \mid X > t\},$$

其中 $x > 2t > 0$，则（　　）．

(A) $p_3 > p_1 = p_2$　　(B) $p_3 > p_1 > p_2$　　(C) $p_3 = p_2 > p_1$　　(D) $p_3 > p_2 > p_1$

【解】应选（D）．

由题意得

$$p_1 = P\{X > x\} = 1 - F(x) = \mathrm{e}^{-\sqrt{\lambda x}},$$

$$p_2 = P\{X > x+t \mid X > t\} = \frac{P\{X > x+t\}}{P\{X > t\}} = \frac{\mathrm{e}^{-\sqrt{\lambda(x+t)}}}{\mathrm{e}^{-\sqrt{\lambda t}}} = \mathrm{e}^{\sqrt{\lambda t}-\sqrt{\lambda x+\lambda t}},$$

$$p_3 = P\{X > x-t \mid X > t\} = \frac{P\{X > \max\{x-t,t\}\}}{P\{X > t\}} = \frac{P\{X > x-t\}}{P\{X > t\}} = \mathrm{e}^{\sqrt{\lambda t}-\sqrt{\lambda x-\lambda t}}.$$

由于
$$\sqrt{\lambda t} - \sqrt{\lambda x-\lambda t} > \sqrt{\lambda t} - \sqrt{\lambda x+\lambda t},$$

$$\sqrt{\lambda t} - \sqrt{\lambda x+\lambda t} - (-\sqrt{\lambda x}) = \sqrt{\lambda t} + \sqrt{\lambda x} - \sqrt{\lambda x+\lambda t} = \frac{2\lambda\sqrt{xt}}{\sqrt{\lambda t}+\sqrt{\lambda x}+\sqrt{\lambda x+\lambda t}} > 0,$$

故 $p_3 > p_2 > p_1$.

三、求分布 (D₁(常规操作))

根据题设条件,建立 $F(x) = P\{X \leq x\}$ 并计算此概率,这是对第1,2讲知识的综合应用.

例 2.11 设随机变量 X 的概率分布为 $P\{X=1\} = P\{X=2\} = \dfrac{1}{2}$. 在给定 $X=i$ 的条件下,随机变量 Y 服从均匀分布 $U(0,i)(i=1,2)$. 求 Y 的分布函数 $F_Y(y)$ 和概率密度 $f_Y(y)$.

【解】
$$F_Y(y) = P\{Y \leq y\} = P\{X=1\}P\{Y \leq y \mid X=1\} + P\{X=2\}P\{Y \leq y \mid X=2\}$$

——→ D₂₃(化归经典形式)

$$= \frac{1}{2}P\{Y \leq y \mid X=1\} + \frac{1}{2}P\{Y \leq y \mid X=2\}.$$

当 $y < 0$ 时,$F_Y(y) = 0$;

当 $0 \leq y < 1$ 时,$F_Y(y) = \dfrac{3y}{4}$;

当 $1 \leq y < 2$ 时,$F_Y(y) = \dfrac{1}{2} + \dfrac{y}{4}$;

当 $y \geq 2$ 时,$F_Y(y) = 1$.

所以 Y 的分布函数为
$$F_Y(y) = \begin{cases} 0, & y < 0, \\ \dfrac{3y}{4}, & 0 \leq y < 1, \\ \dfrac{1}{2} + \dfrac{y}{4}, & 1 \leq y < 2, \\ 1, & y \geq 2. \end{cases}$$

随机变量 Y 的概率密度为
$$f_Y(y) = \begin{cases} \dfrac{3}{4}, & 0 < y < 1, \\ \dfrac{1}{4}, & 1 < y < 2, \\ 0, & 其他. \end{cases}$$

【注】计算 $F(x) = P\{X \leq x\}$ 时,若 $\{X \leq x\}$ 是复杂事件,应先将事件 $\{X \leq x\}$ 按题设分解为完备事件组的并,然后用全概率公式计算 $P\{X \leq x\}$.

例 2.12 设水平地面上车轮半径为 1，车轮表面有一记号点 P，X 为随机停车时点 P 到水平地面的高度，求：

（1）X 的概率密度；

（2）DX。

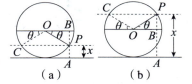

【解】（1）由题意知，$0 \leqslant X \leqslant 2$。故

当 $x < 0$ 时，$F(x) = P\{X \leqslant x\} = 0$。

当 $x \geqslant 2$ 时，$F(x) = P\{X \leqslant x\} = 1$。

当 $0 \leqslant x < 1$ 时，如图（a）所示，记 $|PA| = x$，则 $|PB| = 1-x$，于是 $\sin\theta = 1-x, \theta = \arcsin(1-x)$，劣弧 $\overset{\frown}{CP}$ 的长度为

$$\pi - 2\theta = \pi - 2\arcsin(1-x) = \pi + 2\arcsin(x-1).$$

当 $1 \leqslant x < 2$ 时，如图（b）所示，记 $|PA| = x$，则 $|PB| = x-1$，于是 $\sin\theta = x-1, \theta = \arcsin(x-1)$，优弧 $\overset{\frown}{CP}$ 的长度为 $\pi + 2\theta = \pi + 2\arcsin(x-1)$，于是当 $0 \leqslant x < 2$ 时，

$$F(x) = P\{X \leqslant x\} = \frac{\pi + 2\arcsin(x-1)}{2\pi}$$

$$= \frac{1}{2} + \frac{1}{\pi}\arcsin(x-1).$$

故

$$f(x) = \begin{cases} \dfrac{1}{\pi} \cdot \dfrac{1}{\sqrt{1-(x-1)^2}}, & 0 < x < 2, \\ 0, & \text{其他}. \end{cases}$$

（2）

$$EX = \int_0^2 xf(x)\mathrm{d}x = \frac{1}{\pi}\int_0^2 \frac{x}{\sqrt{1-(x-1)^2}}\mathrm{d}x$$

$$\xrightarrow{x-1=t} \frac{1}{\pi}\int_{-1}^1 \frac{t+1}{\sqrt{1-t^2}}\mathrm{d}t = \frac{1}{\pi}\int_{-1}^1 \frac{1}{\sqrt{1-t^2}}\mathrm{d}t = \frac{2}{\pi}\cdot\arcsin t\Big|_0^1 = 1,$$

$$E(X^2) = \int_0^2 x^2 f(x)\mathrm{d}x = \frac{1}{\pi}\int_0^2 \frac{x^2}{\sqrt{1-(x-1)^2}}\mathrm{d}x$$

$$\xrightarrow{x-1=t} \frac{1}{\pi}\int_{-1}^1 \frac{t^2+2t+1}{\sqrt{1-t^2}}\mathrm{d}t = \frac{1}{\pi}\int_{-1}^1 \frac{t^2+1}{\sqrt{1-t^2}}\mathrm{d}t$$

$$= \frac{1}{\pi}\int_{-1}^1 \frac{2}{\sqrt{1-t^2}}\mathrm{d}t - \frac{1}{\pi}\int_{-1}^1 \sqrt{1-t^2}\mathrm{d}t = \frac{3}{2}.$$

故 $DX = E(X^2) - (EX)^2 = \dfrac{3}{2} - 1 = \dfrac{1}{2}$。

【注】类似例 2.3 那样带有实际背景的问题，对考生提出较高要求的同时，可以体现较好的区分度。

第3讲 一维随机变量函数的分布

三向解题法

```
求一维随机变量函数的分布
(O(盯住目标))
```

- 离散型→离散型 (O_1(盯住目标1))
- 连续型→连续型（或混合型）(O_2(盯住目标2))
- 连续型→离散型 (O_3(盯住目标3))
- 两种重要的随机变量变换 (O_4(盯住目标4))

离散型→离散型：
$$p_i = P\{X = x_i\},\ Y = g(X),$$
$$Y \sim \begin{pmatrix} g(x_1) & g(x_2) & \cdots \\ p_1 & p_2 & \cdots \end{pmatrix}$$

连续型→离散型：
$X \sim f_X(x)$, $Y = g(X)$ 离散，确定 Y 的可能取值 a，计算 $P\{Y = a\}$，求 Y 的概率分布

两种重要的随机变量变换：变换于 $U(0,1)$；变换于 $E(1)$

分布函数法：
$$F_Y(y) = P\{Y \leqslant y\} = P\{g(X) \leqslant y\} = \int_{g(x) \leqslant y} f_X(x)\,dx$$

公式法：
$$f_Y(y) = \begin{cases} f_X[h(y)] \cdot |h'(y)|, & \alpha < y < \beta, \\ 0, & \text{其他} \end{cases}$$

一、离散型→离散型 (O_1(盯住目标1))

设 X 为离散型随机变量，其概率分布为 $p_i = P\{X = x_i\}(i = 1, 2, \cdots)$，则 X 的函数 $Y = g(X)$ 也是离散型随机变量，其概率分布为 $P\{Y = g(x_i)\} = p_i$，即

$$Y \sim \begin{pmatrix} g(x_1) & g(x_2) & \cdots \\ p_1 & p_2 & \cdots \end{pmatrix}.$$

如果有若干个 $g(x_k)$ 相同，则合并诸项为一项 $g(x_k)$，并将相应概率相加作为 Y 取 $g(x_k)$ 值的概率．

第 3 讲 一维随机变量函数的分布

例 3.1 设随机变量 X 的概率分布为 $P\{X=k\}=\dfrac{1}{2^k}, k=1,2,3,\cdots$. 若 Y 表示 X 被 3 除的余数，则 Y 的概率分布为_____.

【解】应填 $Y\sim\begin{pmatrix} 0 & 1 & 2 \\ \dfrac{1}{7} & \dfrac{4}{7} & \dfrac{2}{7} \end{pmatrix}$.

Y 的可能取值为 0，1，2，即

$$P\{Y=0\}=\sum_{k=1}^{\infty}P\{X=3k\}=\sum_{k=1}^{\infty}\frac{1}{2^{3k}}=\frac{1}{7},$$

$$P\{Y=1\}=\sum_{k=0}^{\infty}P\{X=3k+1\}=\sum_{k=0}^{\infty}\frac{1}{2^{3k+1}}=\frac{4}{7},$$

$$P\{Y=2\}=\sum_{k=0}^{\infty}P\{X=3k+2\}=\sum_{k=0}^{\infty}\frac{1}{2^{3k+2}}=\frac{2}{7},$$

所以 Y 的概率分布为

$$Y\sim\begin{pmatrix} 0 & 1 & 2 \\ \dfrac{1}{7} & \dfrac{4}{7} & \dfrac{2}{7} \end{pmatrix}.$$

二、连续型→连续型（或混合型）(O₂(盯住目标 2))

设 X 为连续型随机变量，其分布函数、概率密度分别为 $F_X(x)$ 与 $f_X(x)$，随机变量 $Y=g(X)$ 是 X 的函数，则 Y 的分布函数或概率密度可用下面两种方法求得.

1. 分布函数法

直接由定义求 Y 的分布函数

$$F_Y(y)=P\{Y\leqslant y\}=P\{g(X)\leqslant y\}=\int_{g(x)\leqslant y}f_X(x)\mathrm{d}x.$$

（数形结合，此不等式的几何意义是曲线 $Y=g(X)$ 在直线 $Y=y$ 下方，由此可通过作图得出 X 的取值范围，在 $Y=g(X)$ 是非单调函数时，一般比解析法方便.）

如果 $F_Y(y)$ 连续，且除有限个点外，$F'_Y(y)$ 存在且连续，则 Y 的概率密度 $f_Y(y)=F'_Y(y)$.

2. 公式法 ——D₂₃（化归经典形式）

根据上面的分布函数法，若 $y=g(x)$ 在 (a,b) 上是关于 x 的严格单调可导函数，则存在 $x=h(y)$ 是 $y=g(x)$ 在 (a,b) 上的可导反函数.

①若 $y=g(x)$ 严格单调增加，则 $x=h(y)$ 也严格单调增加，即 $h'(y)>0$，且

$$F_Y(y)=P\{Y\leqslant y\}=P\{g(X)\leqslant y\}=P\{X\leqslant h(y)\}=\int_{-\infty}^{h(y)}f_X(x)\mathrm{d}x,$$

故 $f_Y(y)=F'_Y(y)=f_X[h(y)]\cdot h'(y)$.

②若 $y=g(x)$ 严格单调减少，则 $x=h(y)$ 也严格单调减少，即 $h'(y)<0$，且

$$F_Y(y)=P\{Y\leqslant y\}=P\{g(X)\leqslant y\}=P\{X\geqslant h(y)\}=\int_{h(y)}^{+\infty}f_X(x)\mathrm{d}x,$$

故 $f_Y(y)=F'_Y(y)=-f_X[h(y)]\cdot h'(y)=f_X[h(y)]\cdot[-h'(y)]$.

综上，$f_Y(y)=\begin{cases} f_X[h(y)]\cdot|h'(y)|, & \alpha<y<\beta, \\ 0, & 其他, \end{cases}$

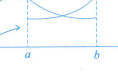

其中 $\alpha=\min\left\{\lim_{x\to a^+}g(x),\lim_{x\to b^-}g(x)\right\},\beta=\max\left\{\lim_{x\to a^+}g(x),\lim_{x\to b^-}g(x)\right\}$.

【注】若 $y=g(x)$ 在 (a,b) 上分段严格单调，则将 (a,b) 划分为各严格单调的子区间，按①，②计算并加起来即可．

例 3.2 设随机变量 X 的概率密度为 $f(x) = \dfrac{e^x}{(1+e^x)^2}, -\infty < x < +\infty$，令 $Y = e^X$．

（1）求 X 的分布函数；

（2）求 Y 的概率密度．

【解】（1）X 的分布函数为

$$F(x) = \int_{-\infty}^{x} f(t) dt$$
$$= \int_{-\infty}^{x} \frac{e^t}{(1+e^t)^2} dt$$
$$= \frac{e^x}{1+e^x}.$$

（2）函数 $y = e^x$ 单调且反函数为 $x = \ln y (y > 0)$，从而 Y 的概率密度为

$$f_Y(y) = \begin{cases} \dfrac{1}{y} f(\ln y), & y > 0, \\ 0, & \text{其他} \end{cases}$$
$$= \begin{cases} \dfrac{1}{(1+y)^2}, & y > 0, \\ 0, & \text{其他.} \end{cases}$$

三、连续型→离散型 (O₃(盯住目标 3))

若 $X \sim f_X(x)$，且 $Y = g(X)$ 是离散型随机变量．首先确定 Y 的可能取值 a，然后通过计算概率 $P\{Y = a\}$ 求得 Y 的概率分布．

例 3.3 设随机变量 X 服从参数为 λ 的指数分布，令 $Y = [X] + 1$（$[X]$ 为不超过 X 的最大整数），则 $P\{Y > 5 | Y > 2\} = $ _____．

【解】应填 $e^{-3\lambda}$．

$X \sim E(\lambda)$，即 $F_X(x) = \begin{cases} 1 - e^{-\lambda x}, & x \geq 0, \\ 0, & x < 0, \end{cases}$ X 的有效取值范围为 $[0, +\infty)$，故 $Y = [X] + 1$ 的值域是 $\{1, 2, 3, \cdots\}$，Y 是离散型随机变量，则

→ D₂₂(转换等价表述)

$$P\{Y = k\} = P\{[X] + 1 = k\} = P\{[X] = k-1\} = P\{k-1 \leq X < k\}$$
$$= P\{X < k\} - P\{X < k-1\} = F_X(k) - F_X(k-1) = (1 - e^{-\lambda k}) - [1 - e^{-\lambda(k-1)}]$$
$$= e^{-\lambda(k-1)} - e^{-\lambda k} = (1 - e^{-\lambda})(e^{-\lambda})^{k-1}$$
$$= (1 - e^{-\lambda})[1 - (1 - e^{-\lambda})]^{k-1},$$

这是参数为 $p = 1 - e^{-\lambda}$ 的几何分布
$P\{X = k\} = (1-p)^{k-1} p$

其中 $k=1$，2，$\cdots$. 所以 Y 服从参数为 $1-e^{-\lambda}$ 的几何分布.

根据几何分布的无记忆性，得

$$P\{Y>5\,|\,Y>2\} = P\{Y>3\} = 1-P\{Y\leqslant 3\}$$

$$= 1-\sum_{k=1}^{3}[1-(1-e^{-\lambda})]^{k-1} \cdot (1-e^{-\lambda})$$

$$= 1-(1-e^{-\lambda}) \cdot \sum_{k=1}^{3} e^{-\lambda(k-1)}$$

$$= e^{-3\lambda}.$$

> 【注】本题前半部分实际是证明：若 $X \sim E(\lambda)$，$Y = [X]$，即 Y 是 X 的整数部分，且
>
> $$P\{Y+1=k\} = P\{[X]+1=k\}$$
>
> $$= P\{k-1 \leqslant X < k\} = e^{-\lambda(k-1)} - e^{-\lambda k}$$
>
> $$= e^{-\lambda(k-1)}(1-e^{-\lambda}), k=1,2,\cdots,$$
>
> 即 $Y+1$ 服从参数为 $1-e^{-\lambda}$ 的几何分布.

四、两种重要的随机变量变换 (O_4(盯住目标 4))

1. 变换于 $U(0,1)$

例 3.4 设随机变量 X 的分布函数 $F_X(x)$ 是严格单调增加函数，其反函数 $F_X^{-1}(y)$ 存在，$Y=F_X(X)$. 证明：Y 服从区间（0,1）上的均匀分布.

【证】$Y=F_X(X)$ 是在区间（0,1）上取值的随机变量，故

当 $y<0$ 时，$F_Y(y)=0$；

当 $y\geqslant 1$ 时，$F_Y(y)=1$；

当 $0 \leqslant y < 1$ 时，

$$F_Y(y) = P\{Y \leqslant y\} = P\{F_X(X) \leqslant y\} = P\{X \leqslant F_X^{-1}(y)\} = F_X[F_X^{-1}(y)] = y.$$

综上所述，$Y=F_X(X)$ 的分布函数为

$$F_Y(y) = \begin{cases} 0, & y<0, \\ y, & 0 \leqslant y < 1, \\ 1, & y \geqslant 1, \end{cases}$$

这就是在区间（0,1）上的均匀分布函数，所以 $Y \sim U(0,1)$.

> 【注】（1）题设条件中的"$F_X(x)$ 严格单调增加"是充分条件，事实上，只需 $F_X(x)$ 在 X 的正概率密度区间上严格单调增加即可，见例 3.5.
> （2）本题是一个重要结论，即在满足 $F_X(x)$ 在 X 的正概率密度区间上严格单调增加时，若 $X \sim F_X(x)$，则 $Y=F_X(X) \sim U(0,1)$. 这一结论考研中常用.
> （3）事实上，在概率论专业教材中可定义 $F_X(x)$ 具有广义反函数，即上述（1）并不需要，这已超出考研要求.
> （4）任一连续型随机变量 X 的分布函数为 $F_X(x)$，由本题（$Y \sim U(0,1)$）可知，$Y=F_X(X) \sim U(0,1)$.

如 $X \sim F_X(x) = \begin{cases} 1-e^{-\lambda x}, & x>0, \\ 0, & x \leq 0, \end{cases}$ 则 $Y = F_X(X) = \begin{cases} 1-e^{-\lambda X}, & X>0, \\ 0, & X \leq 0 \end{cases} \sim U(0,1).$

事实上，由此可解得 $X>0$ 时，$X = \dfrac{1}{\lambda} \ln \dfrac{1}{1-Y}$. 由均匀分布 $U(0,1)$ 的随机值 y_i 即可通过函数关系得到 $x_i = \dfrac{1}{\lambda} \ln \dfrac{1}{1-y_i}$，此为指数分布 $E(\lambda)$ 的随机值.

从而，基于均匀分布随机值产生的便捷性，可获得众多复杂分布的随机数，为数值模拟提供了法宝.

例 3.5 设随机变量 X 的概率密度为 $f(x) = \begin{cases} \dfrac{x}{2}, & 0<x<2, \\ 0, & \text{其他}, \end{cases}$ $F(x)$ 为 X 的分布函数，EX 为 X 的数学期望，则 $P\{F(X) > EX - 1\} = $ _____.

【解】应填 $\dfrac{2}{3}$.

法一 由题意知，$EX = \int_0^2 x f(x) \mathrm{d}x = \int_0^2 \dfrac{x^2}{2} \mathrm{d}x = \dfrac{4}{3}.$

由 $F(x) = \int_{-\infty}^x f(t) \mathrm{d}t$，得

$$F(x) = \begin{cases} 0, & x<0, \\ \dfrac{x^2}{4}, & 0 \leq x < 2, \\ 1, & x \geq 2, \end{cases}$$

从而，$P\{F(X) > EX - 1\} = P\left\{\dfrac{X^2}{4} > \dfrac{1}{3}\right\} = P\left\{\dfrac{2}{\sqrt{3}} < X < 2\right\} = \int_{\frac{2}{\sqrt{3}}}^2 \dfrac{x}{2} \mathrm{d}x = \dfrac{2}{3}.$

法二 令 $Y = F(X)$，由例 3.4 可知，$Y \sim U(0,1)$，则 $P\{F(X) > EX - 1\} = P\left\{Y > \dfrac{1}{3}\right\} = \dfrac{2}{3}.$

→ D_{21}(观察研究对象)，此为隐含条件
→ D_{22}(转换等价表述)

2. 变换于 $E(1)$

例 3.6 设随机变量 X 的分布函数 $F_X(x)$ 连续，且 $F_X(x)$ 在 X 的正概率密度区间上严格单调. $Y = -\ln[1-F_X(X)]$，证明随机变量 Y 服从指数分布 $E(1)$.

【证】由于 $F_X(x)$ 连续，因此 Y 为单调不减且非负的连续函数，又对任意的 $x>0$，有

$$P\{Y \leq x\} = P\{-\ln[1-F_X(X)] \leq x\} = P\{F_X(X) \leq 1-e^{-x}\},$$

且随机变量 $F_X(X)$ 服从 $U(0,1)$，于是

$$P\{Y \leq x\} = P\{F_X(X) \leq 1-e^{-x}\} = 1-e^{-x}, x>0,$$

故 Y 服从指数分布 $E(1)$. → 我们又获得了一个宝贵的隐含条件

【注】当建立了关系 $y_i = \ln \dfrac{1}{1-F_X(x_i)}$ 后，可将随机值 x_i 转化为 $E(1)$ 下的随机值 y_i，而指数分布的无记忆性在可靠性分析、金融保险等研究中，对历史数据进行处理更方便.

第4讲 多维随机变量及其分布

三向解题法

```
            多维随机变量及其分布
                (O(盯住目标))
     ┌──────────┬──────────┬──────────┐
  离散型问题   连续型问题  求边缘分布、条件分布  用分布求概率及反问题
 (O₁(盯住目标1)) (O₂(盯住目标2))  与独立性问题      (O₄(盯住目标4))
                            (O₃(盯住目标3))
```

一、离散型问题 (O_1(盯住目标1))

例 4.1 设二维随机变量 (X,Y) 的概率分布为

X \ Y	0	1	2
−1	0.1	0.1	b
1	a	0.1	0.1

若事件 $\{\max\{X,Y\}=2\}$ 与事件 $\{\min\{X,Y\}=1\}$ 相互独立，则 $\mathrm{Cov}(X,Y)=($ 　 $)$.

（A）−0.6　　　　（B）−0.36　　　　（C）0　　　　（D）0.48

【解】应选（B）.

由题意，得

D_{22}(转换等价表述)

$$P\{\max\{X,Y\}=2, \min\{X,Y\}=1\} = P\{\max\{X,Y\}=2\}P\{\min\{X,Y\}=1\},$$

$$P\{\max\{X,Y\}=2\} = b+0.1,\ P\{\min\{X,Y\}=1\} = 0.1+0.1 = 0.2,$$

$$P\{\max\{X,Y\}=2, \min\{X,Y\}=1\} = 0.1,$$

故 $0.2(b+0.1)=0.1$，解得 $b=0.4$. 又 $a+b=1-0.4=0.6$，故 $a=0.2$.

$$\mathrm{Cov}(X,Y) = E(XY) - EX \cdot EY = -0.1-0.8+0.1+0.2-(-0.6+0.4)\cdot(0.2+1)$$

$$= -0.36.$$

二、连续型问题 (O_2(盯住目标2))

① 二维均匀分布.

如果 (X,Y) 的概率密度为

$$f(x,y) = \begin{cases} \dfrac{1}{S_D}, & (x,y) \in D, \\ 0, & \text{其他}, \end{cases}$$

其中 S_D 为区域 D 的面积,则称 (X,Y) 在平面有界区域 D 上服从**均匀分布**.

② 二维正态分布.

如果 (X,Y) 的概率密度为

$$f(x,y) = \frac{1}{2\pi\sigma_1\sigma_2\sqrt{1-\rho^2}} \exp\left\{-\frac{1}{2(1-\rho^2)}\left[\left(\frac{x-\mu_1}{\sigma_1}\right)^2 - 2\rho\left(\frac{x-\mu_1}{\sigma_1}\right)\left(\frac{y-\mu_2}{\sigma_2}\right) + \left(\frac{y-\mu_2}{\sigma_2}\right)^2\right]\right\},$$

其中 $\mu_1 \in \mathbf{R}$,$\mu_2 \in \mathbf{R}$,$\sigma_1 > 0$,$\sigma_2 > 0$,$-1 < \rho < 1$,则称 (X,Y) 服从参数为 μ_1,μ_2,σ_1^2,σ_2^2,ρ 的**二维正态分布**,记为 $(X,Y) \sim N(\mu_1,\mu_2;\sigma_1^2,\sigma_2^2;\rho)$. → 注意参数的位置顺序.

【注】(1)含参概率密度的结构:设函数 $f(x,y) = k_0 \mathrm{e}^{-(ax^2+by^2+cxy+dx+ey+f)}$,则
D_{23}(化归经典形式)

$$ax^2 + by^2 + cxy + dx + ey + f = a(x+m)^2 + b(y+n)^2 + c(x+m)(y+n),$$

故 (此式不独立)
$$\begin{cases} 2am + cn = d, \\ 2bn + cm = e, \\ am^2 + bn^2 + cmn = f. \end{cases}$$

且
$$\begin{cases} a = \dfrac{1}{2(1-\rho^2)\sigma_1^2}, \\ b = \dfrac{1}{2(1-\rho^2)\sigma_2^2}, \\ c = \dfrac{-\rho}{(1-\rho^2)\sigma_1\sigma_2}, \\ k_0 = \dfrac{1}{2\pi\sigma_1\sigma_2\sqrt{1-\rho^2}}, \end{cases}$$
于是有 $\rho = -\dfrac{c}{2\sqrt{ab}}$. 如 $f(x,y) = \dfrac{1}{2\pi}\mathrm{e}^{-\left(x^2+\frac{y^2}{2}+xy-11x-7y+\frac{65}{2}\right)}$,则有

$$x^2 + \frac{y^2}{2} + xy - 11x - 7y + \frac{65}{2}$$
$$= (x+m)^2 + \frac{1}{2}(y+n)^2 + (x+m)(y+n),$$

即 $\begin{cases} 2m+n=-11, \\ n+m=-7, \end{cases}$ 解得 $\begin{cases} m=-4, \\ n=-3, \end{cases}$ 且有 $\begin{cases} \dfrac{1}{2(1-\rho^2)\sigma_1^2}=1, \\ \dfrac{1}{2(1-\rho^2)\sigma_2^2}=\dfrac{1}{2}, \\ \dfrac{-\rho}{(1-\rho^2)\sigma_1\sigma_2}=1, \\ \dfrac{1}{2\pi\sigma_1\sigma_2\sqrt{1-\rho^2}}=\dfrac{1}{2\pi}, \end{cases}$ 于是 $\begin{cases} \mu_1=4, \\ \mu_2=3, \\ \sigma_1=1, \\ \sigma_2=\sqrt{2}, \\ \rho=-\dfrac{\sqrt{2}}{2}. \end{cases}$

$$f(x,y)=\dfrac{1}{2\pi\cdot 1\cdot\sqrt{2}\cdot\sqrt{1-\dfrac{1}{2}}}e^{-\dfrac{1}{2\left(1-\dfrac{1}{2}\right)}\left[(x-4)^2+2\cdot\dfrac{\sqrt{2}}{2}\cdot\dfrac{(x-4)(y-3)}{1\cdot\sqrt{2}}+\dfrac{(y-3)^2}{2}\right]},$$

即 $(X,Y)\sim N\left(4,3;1,2;-\dfrac{\sqrt{2}}{2}\right)$.

（2）重要结论.

① 若 $(X_1,X_2)\sim N(\mu_1,\mu_2;\sigma_1^2,\sigma_2^2;\rho)$，则
$$X_1\sim N(\mu_1,\sigma_1^2),\quad X_2\sim N(\mu_2,\sigma_2^2).$$

② 若 $X_1\sim N(\mu_1,\sigma_1^2)$，$X_2\sim N(\mu_2,\sigma_2^2)$，且 X_1，X_2 相互独立，则

独立 $\Rightarrow$ 不相关，故 $\rho=0$ $(X_1,X_2)\sim N(\mu_1,\mu_2;\sigma_1^2,\sigma_2^2;0)$.

恰好说明：
联合分布 $\Rightarrow$ 边缘分布

③ $(X_1,X_2)\sim N\Rightarrow k_1X_1+k_2X_2\sim N$（$k_1$，$k_2$ 是不全为 0 的常数）.

④ $(X_1,X_2)\sim N$，$Y_1=a_1X_1+a_2X_2$，$Y_2=b_1X_1+b_2X_2$，且
$$\begin{vmatrix} a_1 & a_2 \\ b_1 & b_2 \end{vmatrix}\ne 0\Rightarrow (Y_1,Y_2)\sim N.$$

$\begin{bmatrix} Y_1 \\ Y_2 \end{bmatrix}=C\begin{bmatrix} X_1 \\ X_2 \end{bmatrix}$，$C=\begin{bmatrix} a_1 & a_2 \\ b_1 & b_2 \end{bmatrix}$ 为可逆线性变换矩阵

⑤ 设 X_1，X_2 独立同分布于 $N(\mu,\sigma^2)$，$Y_1=aX_1+bX_2$，$Y_2=aX_1-bX_2$，则
$$\begin{cases} EY_1=(a+b)\mu, \\ EY_2=(a-b)\mu; \end{cases}\begin{cases} DY_1=(a^2+b^2)\sigma^2, \\ DY_2=(a^2+b^2)\sigma^2; \end{cases}\operatorname{Cov}(Y_1,Y_2)=(a^2-b^2)\sigma^2;\rho_{Y_1Y_2}=\dfrac{a^2-b^2}{a^2+b^2}.$$

⑥ $(X_1,X_2)\sim N$，则 X_1，X_2 相互独立 $\Leftrightarrow X_1$，X_2 不相关.

⑦ $(X,Y)\sim N(\mu_1,\mu_2;\sigma_1^2,\sigma_2^2;\rho)$，则二维正态分布的条件分布仍是正态分布.

隐含条件体系块

例 4.2 设随机变量 X，Y 相互独立，且 X 服从正态分布 $N(0,2)$，Y 服从正态分布 $N(-2,2)$. 若 $P\{2X+Y<a\}=P\{X>Y\}$，则 $a=$（　　）.

（A）$-2-\sqrt{10}$　　　　（B）$-2+\sqrt{10}$　　　　（C）$-2-\sqrt{6}$　　　　（D）$-2+\sqrt{6}$

【解】应选（B）.

$E(2X+Y)=2EX+EY=-2$，$D(2X+Y)=4DX+DY=4\times 2+2=10$，则 $2X+Y\sim N(-2,10)$. 同理，$X-Y\sim N(2,4)$. 此时

$$P\{2X+Y<a\} = P\left\{\frac{2X+Y+2}{\sqrt{10}} < \frac{a+2}{\sqrt{10}}\right\} = \Phi\left(\frac{a+2}{\sqrt{10}}\right),$$

↳ D_{23}(化归经典形式)

且 $P\{X>Y\} = P\left\{\frac{X-Y-2}{2} > \frac{0-2}{2}\right\} = 1 - \Phi(-1) = \Phi(1)$,由 $\frac{a+2}{\sqrt{10}} = 1$,得 $a = \sqrt{10} - 2$.

三、求边缘分布、条件分布与独立性问题 (O_3(盯住目标3))

1. 边缘分布

① 求 $F_X(x)$,$F_Y(y)$.

$$F_X(x) = F(x, +\infty), \quad F_Y(y) = F(+\infty, y).$$

② 求 $p_i.$,$p_{.j}$.

$$p_{i.} = \sum_j p_{ij}, \quad p_{.j} = \sum_i p_{ij}.$$

③ 求 $f_X(x)$,$f_Y(y)$.

$$f_X(x) = \int_{-\infty}^{+\infty} f(x,y)dy = \int_{-\infty}^{+\infty} f_Y(y) f_{X|Y}(x|y)dy,$$

$$f_Y(y) = \int_{-\infty}^{+\infty} f(x,y)dx = \int_{-\infty}^{+\infty} f_X(x) f_{Y|X}(y|x)dx.$$

2. 条件分布

① 求 $F(x|y_j), F(y|x_i)$.

$$F(x|y_j) = \sum_{x_i \leq x} P\{X = x_i | Y = y_j\},$$

$$F(y|x_i) = \sum_{y_j \leq y} P\{Y = y_j | X = x_i\}.$$

② 求 $F(x|y), F(y|x)$.

$$F(x|y) = \int_{-\infty}^{x} f(u|y)du = \int_{-\infty}^{x} \frac{f(u,y)}{f_Y(y)}du,$$

$$F(y|x) = \int_{-\infty}^{y} f(v|x)dv = \int_{-\infty}^{y} \frac{f(x,v)}{f_X(x)}dv.$$

③ 求 $P\{Y = y_j | X = x_i\}$,$P\{X = x_i | Y = y_j\}$.

$$P\{Y = y_j | X = x_i\} = \frac{P\{X = x_i, Y = y_j\}}{P\{X = x_i\}} = \frac{p_{ij}}{p_{i.}}.$$

$$P\{X = x_i | Y = y_j\} = \frac{P\{X = x_i, Y = y_j\}}{P\{Y = y_j\}} = \frac{p_{ij}}{p_{.j}}.$$

④ 求 $f_{Y|X}(y|x)$,$f_{X|Y}(x|y)$.

$$f_{Y|X}(y|x) = \frac{f(x,y)}{f_X(x)}, \quad f_{X|Y}(x|y) = \frac{f(x,y)}{f_Y(y)}.$$

→ 联立得 $\dfrac{f_{X|Y}(x|y)}{f_{Y|X}(y|x)} = \dfrac{f_X(x)}{f_Y(y)}$

【注】（1）联合 = 边缘 × 条件，亦常考. 如 $f(x,y) = f_{Y|X}(y|x)f_X(x)$.
（2）以上式子，所有分母均不为零.

3. 判独立

① X 与 Y 相互独立 $\Leftrightarrow$ 对任意 x, y，$F(x,y) = F_X(x) \cdot F_Y(y)$.

X, Y 不独立 $\Leftrightarrow$ 存在 x_0, y_0，使 $A = \{X \leqslant x_0\}$ 与 $B = \{Y \leqslant y_0\}$ 不独立，即 $F(x_0, y_0) \neq F_X(x_0) \cdot F_Y(y_0)$.

因此，证明不独立的常用方法：找 x_0, y_0，使 $0 < P\{X \leqslant x_0\}, P\{Y \leqslant y_0\} < 1$，

D_{41}（试取特殊情形） $\{X \leqslant x_0\} \subseteq \{Y \leqslant y_0\}$ 或 $\{Y \leqslant y_0\} \subseteq \{X \leqslant x_0\}$ 或 $\{X \leqslant x_0, Y \leqslant y_0\} = \varnothing$.

> P_4（逆否思路），若 $A \Leftrightarrow B$ 成立，则 $\overline{A} \Leftrightarrow \overline{B}$ 成立

② 若 (X, Y) 为二维离散型随机变量，X 与 Y 相互独立 $\Leftrightarrow$ 对任意 i, j，$p_{ij} = p_{i\cdot} p_{\cdot j}$.

③ 由②知，(X, Y) 的分布律为

X \ Y	y_1	y_2	y_3	$p_{i\cdot}$
x_1	p_{11}	p_{12}	p_{13}	$p_{1\cdot}$
x_2	p_{21}	p_{22}	p_{23}	$p_{2\cdot}$
$p_{\cdot j}$	$p_{\cdot 1}$	$p_{\cdot 2}$	$p_{\cdot 3}$	1

其中 $p_{ij} \neq 0, i = 1,2; j = 1,2,3$，且满足 $\begin{bmatrix} p_{1\cdot} \\ p_{2\cdot} \end{bmatrix} \begin{bmatrix} p_{\cdot 1} & p_{\cdot 2} & p_{\cdot 3} \end{bmatrix} = \begin{bmatrix} p_{11} & p_{12} & p_{13} \\ p_{21} & p_{22} & p_{23} \end{bmatrix}$，即

$$\frac{p_{11}}{p_{21}} = \frac{p_{12}}{p_{22}} = \frac{p_{13}}{p_{23}}.$$

又以上过程可逆，故可有重要结论：当 $p_{ij} \neq 0$ 时，X, Y 独立 $\Leftrightarrow$ 联合分布律的每行元素对应成比例，故可由联合分布律的每行元素是否对应成比例来判断 X, Y 是否独立.

④ 若 (X, Y) 为二维连续型随机变量，X 与 Y 相互独立 $\Leftrightarrow$ 对任意 x, y，$f(x,y) = f_X(x) f_Y(y)$.

> 等价表述体系块

例 4.3 设二维随机变量 (X, Y) 的概率密度为

$$f(x,y) = \begin{cases} \dfrac{2}{\pi}(x^2 + y^2), & x^2 + y^2 \leqslant 1, \\ 0, & \text{其他}. \end{cases}$$

（1）求 X 与 Y 的协方差.

（2）X 与 Y 是否相互独立？

（3）求 $Z = X^2 + Y^2$ 的概率密度.

【解】（1）因为

$$EX = \iint_{x^2+y^2 \leqslant 1} x \cdot \frac{2}{\pi}(x^2+y^2) \mathrm{d}x\mathrm{d}y = 0,$$

$$EY = \iint_{x^2+y^2 \leqslant 1} y \cdot \frac{2}{\pi}(x^2+y^2) \mathrm{d}x\mathrm{d}y = 0,$$

$$E(XY) = \iint_{x^2+y^2 \leq 1} xy \cdot \frac{2}{\pi}(x^2+y^2)\mathrm{d}x\mathrm{d}y = 0,$$

所以 X 与 Y 的协方差为

$$\mathrm{Cov}(X,Y) = E(XY) - EXEY = 0.$$

（2）当 $x \geq 1$ 或 $x \leq -1$ 时，X 的边缘概率密度 $f_X(x) = 0$.

当 $-1 < x < 1$ 时，

$$f_X(x) = \int_{-\sqrt{1-x^2}}^{\sqrt{1-x^2}} \frac{2}{\pi}(x^2+y^2)\mathrm{d}y = \frac{4}{3\pi}(1+2x^2)\sqrt{1-x^2},$$

所以

$$f_X(x) = \begin{cases} \dfrac{4}{3\pi}(1+2x^2)\sqrt{1-x^2}, & -1 < x < 1, \\ 0, & \text{其他}. \end{cases}$$

同理得

$$f_Y(y) = \begin{cases} \dfrac{4}{3\pi}(1+2y^2)\sqrt{1-y^2}, & -1 < y < 1, \\ 0, & \text{其他}. \end{cases}$$

由于 $f(x,y) \neq f_X(x)f_Y(y)$，故 X 与 Y 不相互独立.

（3）记 Z 的分布函数为 $F_Z(z)$.

因为 $P\{0 \leq Z \leq 1\} = 1$，所以当 $z < 0$ 时，$F_Z(z) = 0$；当 $z \geq 1$ 时，$F_Z(z) = 1$.

当 $0 \leq z < 1$ 时，

$$\begin{aligned} F_Z(z) &= P\{Z \leq z\} \\ &= P\{X^2 + Y^2 \leq z\} \\ &= \iint_{x^2+y^2 \leq z} \frac{2}{\pi}(x^2+y^2)\mathrm{d}x\mathrm{d}y \\ &= \int_0^{2\pi} \mathrm{d}\theta \int_0^{\sqrt{z}} \frac{2}{\pi} r^3 \mathrm{d}r \\ &= z^2. \end{aligned}$$

所以 Z 的概率密度为

$$f_Z(z) = \begin{cases} 2z, & 0 < z < 1, \\ 0, & \text{其他}. \end{cases}$$

四、用分布求概率及反问题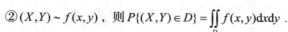

① $(X,Y) \sim p_{ij}$，则 $P\{(X,Y) \in D\} = \sum\limits_{(x_i,y_j) \in D} p_{ij}$.

② $(X,Y) \sim f(x,y)$，则 $P\{(X,Y) \in D\} = \iint\limits_{D} f(x,y)\mathrm{d}x\mathrm{d}y$.

③ (X,Y) 为混合型，则用全概率公式.

④ 反问题：已知概率反求参数.

例 4.4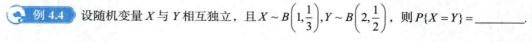

【解】 应填 $\dfrac{1}{3}$.

D_{22}（转换等价表述）

$$P\{X = Y\} = P\{X = 0, Y = 0\} + P\{X = 1, Y = 1\}$$
$$= P\{X = 0\}P\{Y = 0\} + P\{X = 1\}P\{Y = 1\}$$
$$= \dfrac{2}{3} \times \left(\dfrac{1}{2}\right)^2 + \dfrac{1}{3} \times \left(\dfrac{1}{2}\right)^2 \times 2$$
$$= \dfrac{1}{6} + \dfrac{1}{6} = \dfrac{1}{3}.$$

第5讲 多维随机变量函数的分布

三向解题法

```
求多维随机变量函数的分布
(O(盯住目标))
    │
┌───┼───┐
1. 多维→一维      2. 一维→多维      3. 多维→多维
(O₁(盯住目标1))   (O₂(盯住目标2))   (O₃(盯住目标3))
```

```
1. 多维→一维
(O₁(盯住目标1))
    │
┌───┼───┐
1.1 (离散型,离散型)   1.2 (连续型,连续型)         1.3 (离散型,连续型)
  →离散型              →连续型                    →连续型
(D₁(常规操作))        (D₁(常规操作)+D₂₁(观察      (D₁(常规操作))
                       研究对象))
```

```
1.1 (离散型,离散型)→离散型
(D₁(常规操作))
```

$(X,Y) \sim p_{ij}, Z = g(X,Y) \Rightarrow Z$ 的分布律

$X \sim p_k, Y \sim q_k, \begin{cases} Z = X+Y \\ Z = XY \\ Z = \max\{X,Y\} \\ Z = \min\{X,Y\} \end{cases} \Rightarrow Z$ 的分布律

1.2 （连续型，连续型）→连续型
(D_1(常规操作)+D_{21}(观察研究对象))

1.3 （离散型，连续型）→连续型
(D_1(常规操作))

分布函数法

$F_Z(z)$
$= P\{g(X,Y) \leq z\}$
$= \iint\limits_{g(x,y) \leq z} f(x,y) \mathrm{d}x\mathrm{d}y$

换元法

$f_{U,V}(u,v) =$
$f[x(u,v), y(u,v)] \cdot$
$|J|, J = \dfrac{\partial(x,y)}{\partial(u,v)} \neq 0$

最值函数的分布

$F_{\max}(z) = P\{\max\{X,Y\} \leq z\}$
$\qquad = P\{X \leq z, Y \leq z\} = F(z,z),$
$F_{\min}(z) = P\{\min\{X,Y\} \leq z\}$
$\qquad = F_X(z) + F_Y(z) - F(z,z)$

$X \sim p_i, Y \sim f_Y(y),$
$Z = g(X,Y)$

2. 一维→多维
(O_2(盯住目标2))

离散型→（离散型，离散型）
(D_1(常规操作))

$X \sim p_i,\ \begin{cases} U = g(X), \\ V = h(X) \end{cases} \Rightarrow (U,V) \sim q_{ij}$

连续型→（离散型，离散型）
(D_1(常规操作))

$X \sim f(x),\ \begin{cases} U = g(X), \\ V = h(X) \end{cases} \Rightarrow (U,V) \sim p_{ij}$

3. 多维→多维
(O_3(盯住目标3))

（离散型，离散型）→（离散型，离散型）
(D_1(常规操作))

$(X,Y) \sim p_{ij},$
$\begin{cases} U = g(X,Y), \\ V = h(X,Y) \end{cases} \Rightarrow (U,V) \sim q_{ij}$

（连续型，连续型）→（离散型，离散型）或（连续型，连续型）
(D_1(常规操作))

$(X,Y) \sim f(x,y),$
$\begin{cases} U = g(X,Y), \\ V = h(X,Y) \end{cases} \Rightarrow (U,V) \sim p_{ij}$ 或 $f_{U,V}(u,v)$

（离散型，连续型）→（离散型，离散型）
(D_1(常规操作))

$X \sim p_i,\ Y \sim f_Y(y),$
$\begin{cases} U = g(X,Y), \\ V = h(X,Y) \end{cases} \Rightarrow (U,V) \sim q_{ij}$

一、多维→一维 (O_1(盯住目标1))

1.（离散型，离散型）→离散型 (D_1(常规操作))

（1）$(X,Y) \sim p_{ij}$，$Z = g(X,Y)$，有 $Z \sim q_i$.

（2）$X \sim p_k$，$Y \sim q_k$，X，Y 独立且取值在某一集合，可考 $Z = X+Y$，XY，$\max\{X,Y\}$，$\min\{X,Y\}$ 等，这是重点，比如：

① $Z = X+Y$，且 X，Y 独立并取非负整数，则

$$P\{Z=k\} = P\{X+Y=k\}$$

D_{22}（转换等价表述）$\leftarrow$ $= P\{X=0\}P\{Y=k\} + P\{X=1\}P\{Y=k-1\} + \cdots + P\{X=k\}P\{Y=0\}$

$$= p_0 q_k + p_1 q_{k-1} + \cdots + p_k q_0, \quad k = 0, 1, 2, \cdots.$$

② $Z = \max\{X,Y\}$，且 X，Y 独立并取非负整数，则

$$P\{Z=k\} = P\{\max\{X,Y\}=k\}$$

D_{22}（转换等价表述）$\leftarrow$ $= P\{X=k,Y=k\} + P\{X=k,Y=k-1\} + \cdots + P\{X=k,Y=0\} +$

$$P\{X=k-1,Y=k\} + P\{X=k-2,Y=k\} + \cdots + P\{X=0,Y=k\}$$

$$= p_k q_k + p_k q_{k-1} + \cdots + p_k q_0 + p_{k-1} q_k + p_{k-2} q_k + \cdots + p_0 q_k, \quad k = 0, 1, 2, \cdots.$$

③ $Z = \min\{X,Y\}$，且 X，Y 独立，$0 \leq X$，$Y \leq l$，l 为正整数，X，Y 取整数时，

$$P\{Z=k\} = P\{\min\{X,Y\}=k\}$$

D_{22}（转换等价表述）$\leftarrow$ $= P\{X=k,Y=k\} + P\{X=k,Y=k+1\} + \cdots + P\{X=k,Y=l\} +$

$$P\{X=k+1,Y=k\} + P\{X=k+2,Y=k\} + \cdots + P\{X=l,Y=k\}$$

$$= p_k q_k + p_k q_{k+1} + \cdots + p_k q_l + p_{k+1} q_k + p_{k+2} q_k + \cdots + p_l q_k, \quad k = 0, 1, 2, \cdots, l.$$

〔等价表述体系块〕

例 5.1 设随机变量 X 与 Y 相互独立，且 X 服从参数为 λ 的泊松分布，

$$Y \sim \begin{pmatrix} -1 & 1 \\ \dfrac{1}{4} & \dfrac{3}{4} \end{pmatrix},$$

求 $Z = XY$ 的概率分布.

D_{22}（转换等价表述）

【解】已知 $P\{X=k\} = \dfrac{\lambda^k}{k!} e^{-\lambda}(k=0,1,\cdots)$，$Y$ 可能取值为 -1，1，X 与 Y 相互独立，故 $Z = XY$ 可能取值为 0，± 1，± 2，$\cdots$，$\pm k$，$\cdots$，其概率分布为

$$P\{Z = XY = 0\} = P\{X=0\} = e^{-\lambda},$$

$$P\{Z = XY = k\} = P\{X=k, Y=1\} = P\{X=k\}P\{Y=1\} = \frac{3}{4} \frac{\lambda^k}{k!} e^{-\lambda}, \quad k = 1, 2, 3, \cdots,$$

$$P\{Z = XY = -k\} = P\{X=k\}P\{Y=-1\} = \frac{1}{4} \frac{\lambda^k}{k!} e^{-\lambda}, \quad k = 1, 2, 3, \cdots.$$

2.（连续型，连续型）→连续型（D_1（常规操作）+D_{21}（观察研究对象））

（1）分布函数法.

设 $(X,Y) \sim f(x,y)$，$Z = g(X,Y)$，则

$$F_Z(z) = P\{g(X,Y) \leq z\} = \iint\limits_{g(x,y) \leq z} f(x,y) \mathrm{d}x \mathrm{d}y,$$

$$f_Z(z) = F_Z'(z).$$

（2）换元法.

设 $(X,Y) \sim f(x,y)$，若 $\begin{cases} u = u(x,y) \\ v = v(x,y) \end{cases}$ → D_{21}(观察研究对象) 具有一阶连续偏导数，且存在唯一的反函数 $\begin{cases} x = x(u,v) \\ y = y(u,v) \end{cases}$，又

$$J = \frac{\partial(x,y)}{\partial(u,v)} = \begin{vmatrix} \frac{\partial x}{\partial u} & \frac{\partial x}{\partial v} \\ \frac{\partial y}{\partial u} & \frac{\partial y}{\partial v} \end{vmatrix} \neq 0,$$

则 (X,Y) 的函数 $\begin{cases} U = U(X,Y) \\ V = V(X,Y) \end{cases}$ 的联合概率密度为 $f_{U,V}(u,v) = f[x(u,v), y(u,v)] \cdot |J|$.

U 的概率密度为 $f_U(u) = \int_{-\infty}^{+\infty} f_{U,V}(u,v) \mathrm{d}v$，$V$ 的概率密度为 $f_V(v) = \int_{-\infty}^{+\infty} f_{U,V}(u,v) \mathrm{d}u$.

> **【注】**（1）证 (U,V) 的联合分布函数为
> $$F_{U,V}(u,v) = P\{U \leq u, V \leq v\} = P\{U(X,Y) \leq u, V(X,Y) \leq v\}$$
> $$= \iint_{\substack{U(x,y) \leq u \\ V(x,y) \leq v}} f_{U,V}(x,y) \mathrm{d}x\mathrm{d}y \xrightarrow{\begin{cases} U=U(X,Y) \\ V=V(X,Y) \end{cases} \Rightarrow \begin{cases} X=X(U,V) \\ Y=Y(U,V) \end{cases}} \iint_{\substack{U(x,y) \leq u \\ V(x,y) \leq v}} f[x(u,v), y(u,v)] \cdot |J| \mathrm{d}u\mathrm{d}v.$$
> 故 $f_{U,V}(u,v) = \frac{\partial^2 F}{\partial u \partial v} = f[x(u,v), y(u,v)] \cdot |J|$.
>
> （2）在高等数学中，我们已经熟练掌握了二重积分的换元积分法，故在此给出换元法求 $f(u,v)$，这是十分有用且简便的方法.

例 5.2 设随机变量 X，Y 相互独立，且均服从参数为 λ 的指数分布，令 $Z = |X - Y|$，则下列随机变量中与 Z 同分布的是（　　）．

（A）$X + Y$　　　　（B）$\dfrac{X+Y}{2}$　　　　（C）$2X$　　　　（D）X

【解】 应选（D）.

X 与 Y 的联合概率密度为 $f(x,y) = f_X(x) \cdot f_Y(y) = \begin{cases} \lambda^2 e^{-\lambda(x+y)}, & x > 0, y > 0, \\ 0, & \text{其他.} \end{cases}$

设 Z 的分布函数为 $F_Z(z)$，则 $F_Z(z) = P\{Z \leq z\} = P\{|X - Y| \leq z\}$.

当 $z < 0$ 时，$F_Z(z) = 0$；

当 $z \geq 0$ 时，

$$F_Z(z) = P\{-z \leq X - Y \leq z\} = 2P\{0 \leq X - Y \leq z\}$$
$$= 2\int_0^{+\infty} \lambda e^{-\lambda y} \mathrm{d}y \int_y^{y+z} \lambda e^{-\lambda x} \mathrm{d}x$$
$$= 2\int_0^{+\infty} \lambda e^{-\lambda y} [e^{-\lambda y} - e^{-\lambda(y+z)}] \mathrm{d}y$$
$$= 2\int_0^{+\infty} \lambda e^{-2\lambda y} \mathrm{d}y - 2e^{-\lambda z} \int_0^{+\infty} \lambda e^{-2\lambda y} \mathrm{d}y$$
$$= 1 - e^{-\lambda z}.$$

所以 $Z \sim E(\lambda)$，从而 Z 与 X 服从相同的分布，选（D）.

例 5.3 设 $(X,Y) \sim f(x,y) = \begin{cases} 8xy, & 0 < x < y < 1, \\ 0, & \text{其他}. \end{cases}$ 记 $Z = \dfrac{X}{Y}$.

（1）求 Z 的概率密度 $f_Z(z)$；

（2）求 $P\left\{Y < \dfrac{2}{3} \bigg| X = \dfrac{1}{2}\right\}$.

【解】（1）令 $\begin{cases} u = \dfrac{x}{y}, \\ v = y, \end{cases}$ 即有 $\begin{cases} x = uv, \\ y = v. \end{cases}$ $J = \begin{vmatrix} v & u \\ 0 & 1 \end{vmatrix} = v$，于是 $f_{U,V}(u,v) = \begin{cases} 8uv \cdot v \cdot v, & 0 < uv < v < 1, \\ 0, & \text{其他}. \end{cases}$

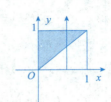

故 $f_U(u) = \int_{-\infty}^{+\infty} f_{U,V}(u,v)\mathrm{d}v = \begin{cases} 8u\int_0^1 v^3 \mathrm{d}v, & 0 < u < 1, \\ 0, & \text{其他} \end{cases} = \begin{cases} 2u, & 0 < u < 1, \\ 0, & \text{其他}. \end{cases}$

故 $f_Z(z) = \begin{cases} 2z, & 0 < z < 1, \\ 0, & \text{其他}. \end{cases}$

（2）由于 $P\left\{X = \dfrac{1}{2}\right\} = 0$，故不能直接用条件概率公式，

$$f_X(x) = \begin{cases} \int_x^1 8xy\mathrm{d}y, & 0 < x < 1, \\ 0, & \text{其他} \end{cases} = \begin{cases} 4x \cdot (1 - x^2), & 0 < x < 1, \\ 0, & \text{其他}. \end{cases}$$

故

$$f_{Y|X}\left(y \bigg| x = \dfrac{1}{2}\right) = \dfrac{f\left(\dfrac{1}{2}, y\right)}{f_X\left(\dfrac{1}{2}\right)} = 4y \cdot \dfrac{2}{3} = \dfrac{8}{3}y, \dfrac{1}{2} < y < 1,$$

于是 $P\left\{Y < \dfrac{2}{3} \bigg| X = \dfrac{1}{2}\right\} = \int_{\frac{1}{2}}^{\frac{2}{3}} \dfrac{8}{3}y\mathrm{d}y = \dfrac{8}{3} \times \dfrac{1}{2} \times \left(\dfrac{4}{9} - \dfrac{1}{4}\right) = \dfrac{7}{27}$.

例 5.4 设随机变量 X_1 与 X_2 相互独立且同分布，其概率密度为

$$f(x) = \begin{cases} ax, & 0 < x < 1, \\ 0, & \text{其他}. \end{cases}$$

（1）求 a 的值；

（2）求 $Z = \max\{X_1, X_2\} - \min\{X_1, X_2\}$ 的概率密度.

【解】（1）由归一性，$\int_{-\infty}^{+\infty} f(x)\mathrm{d}x = \int_0^1 ax\mathrm{d}x = \dfrac{1}{2}a = 1$，故 $a = 2$.

D_{23}（化归经典形式）

（2）$Z = \max\{X_1, X_2\} - \min\{X_1, X_2\} = \dfrac{X_1 + X_2 + |X_1 - X_2|}{2} - \dfrac{X_1 + X_2 - |X_1 - X_2|}{2} = |X_1 - X_2|.$

令 $\begin{cases} x_1 - x_2 = u, \\ x_2 = v, \end{cases}$ 即 $\begin{cases} x_1 = u + v, \\ x_2 = v, \end{cases}$ 则 $J = \begin{vmatrix} 1 & 1 \\ 0 & 1 \end{vmatrix} = 1$，且 $\begin{cases} 0 < u + v < 1, \\ 0 < v < 1. \end{cases}$

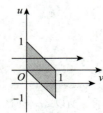

当 $0 < u + v < 1$，且 $0 < v < 1$ 时（见图），有

$$f_{U,V}(u,v) = f_{X_1}(u+v)f_{X_2}(v) = 2(u+v) \cdot 2v,$$

故

$$f_U(u) = \int_{-\infty}^{+\infty} f_{U,V}(u,v) dv = \begin{cases} \int_{-u}^{1} 4(u+v) \cdot v dv = -\frac{2}{3}u^3 + 2u + \frac{4}{3}, & -1 < u < 0, \\ \int_{0}^{1-u} 4(u+v) \cdot v dv = \frac{2}{3}u^3 - 2u + \frac{4}{3}, & 0 < u < 1, \\ 0, & \text{其他}. \end{cases}$$

又当 $0 < z < 1$ 时，$Z = |U|$ 的分布函数为
$$F_Z(z) = P\{|U| \leq z\} = P\{-z \leq U \leq z\} = F_U(z) - F_U(-z),$$

故当 $0 < z < 1$ 时，Z 的概率密度为
$$f_Z(z) = f_U(z) + f_U(-z) = \frac{2}{3}z^3 - 2z + \frac{4}{3} + \left[-\frac{2}{3}(-z)^3\right] + 2(-z) + \frac{4}{3} = \frac{4}{3}z^3 - 4z + \frac{8}{3}.$$

于是，Z 的概率密度为
$$f_Z(z) = \begin{cases} \frac{4}{3}z^3 - 4z + \frac{8}{3}, & 0 < z < 1, \\ 0, & \text{其他}. \end{cases}$$

例 5.5 设随机变量 $X \sim U(1,2)$，在 $X = x$ 的条件下，Y 的条件分布为 $E(x)$，则 $D(XY) = ($).

(A) 1 (B) 2 (C) x (D) $2x$

【解】应选（A）.

设 $f(x,y) = f_X(x) \cdot f_{Y|X}(y|x) = 1 \cdot xe^{-xy}, 1 < x < 2, y > 0.$

令 $\begin{cases} u = xy, \\ v = y, \end{cases}$ 得 $\begin{cases} x = \dfrac{u}{v}, \\ y = v, \end{cases}$ 有 $J = \begin{vmatrix} \dfrac{1}{v} & -\dfrac{u}{v^2} \\ 0 & 1 \end{vmatrix} = \dfrac{1}{v}$，故

$$f_{U,V}(u,v) = \begin{cases} \dfrac{u}{v} e^{-u} \cdot \dfrac{1}{v}, & 1 < \dfrac{u}{v} < 2, v > 0, \\ 0, & \text{其他}, \end{cases}$$

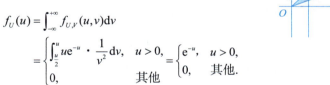

即有
$$f_U(u) = \int_{-\infty}^{+\infty} f_{U,V}(u,v) dv$$
$$= \begin{cases} \int_{\frac{u}{2}}^{u} u e^{-u} \cdot \dfrac{1}{v^2} dv, & u > 0, \\ 0, & \text{其他} \end{cases} = \begin{cases} e^{-u}, & u > 0, \\ 0, & \text{其他}. \end{cases}$$

故 XY 服从 $E(1)$，于是 $D(XY) = 1$.

（3）最值函数的分布.

① $\max\{X,Y\}$ 的分布.

设 $(X,Y) \sim F(x,y)$，则 $Z = \max\{X,Y\}$ 的分布函数为
$$F_{\max}(z) = P\{\max\{X,Y\} \leq z\} = P\{X \leq z, Y \leq z\} = F(z,z).$$

当 X 与 Y 相互独立时，
$$F_{\max}(z) = F_X(z) \cdot F_Y(z).$$

② $\min\{X,Y\}$ 的分布.

设 $(X,Y) \sim F(x,y)$，则 $Z = \min\{X,Y\}$ 的分布函数为
$$F_{\min}(z) = P\{\min\{X,Y\} \leq z\} = P\{\{X \leq z\} \cup \{Y \leq z\}\}$$

形式化归体系块

$$= P\{X \leq z\} + P\{Y \leq z\} - P\{X \leq z, Y \leq z\}$$
$$= F_X(z) + F_Y(z) - F(z,z).$$

当 X 与 Y 相互独立时，
$$F_{\min}(z) = F_X(z) + F_Y(z) - F_X(z)F_Y(z) = 1 - [1 - F_X(z)][1 - F_Y(z)].$$

推广到 n 个相互独立的随机变量 $X_1, X_2, \cdots, X_n$ 的情况，即
$$F_{\max}(z) = F_{X_1}(z) F_{X_2}(z) \cdots F_{X_n}(z),$$
$$F_{\min}(z) = 1 - [1 - F_{X_1}(z)][1 - F_{X_2}(z)] \cdots [1 - F_{X_n}(z)].$$

特别地，当 $X_i (i=1,2,\cdots,n)$ 相互独立且有相同的分布函数 $F(x)$ 与概率密度 $f(x)$ 时，
$$F_{\max}(z) = [F(z)]^n, \quad f_{\max}(z) = n[F(z)]^{n-1} f(z),$$
$$F_{\min}(z) = 1 - [1 - F(z)]^n, \quad f_{\min}(z) = n[1 - F(z)]^{n-1} f(z).$$

(形式化归体系块)

例 5.6 设总体 X 服从 $[0,\theta]$ 上的均匀分布，θ 为正常数，X_1, X_2, X_3 是取自 X 的一个样本，求 $Y = \max\{X_1, X_2, X_3\}$，$Z = \min\{X_1, X_2, X_3\}$ 的分布函数和概率密度。

【解】 设 $F(x)$ 为 X 的分布函数，$f(x)$ 为 X 的概率密度，则

$$F(x) = \begin{cases} 1, & x \geq \theta, \\ \dfrac{x}{\theta}, & 0 \leq x < \theta, \\ 0, & x < 0, \end{cases} \quad f(x) = \begin{cases} \dfrac{1}{\theta}, & 0 \leq x < \theta, \\ 0, & 其他. \end{cases}$$

由 $Y = \max\limits_{1 \leq i \leq 3}\{X_i\}$，$Z = \min\limits_{1 \leq i \leq 3}\{X_i\}$，则 Y 的分布函数与概率密度分别为

$$F_Y(y) = [F(y)]^3 = \begin{cases} 1, & y \geq \theta, \\ \left(\dfrac{y}{\theta}\right)^3, & 0 \leq y < \theta, \\ 0, & y < 0, \end{cases} \quad f_Y(y;\theta) = 3[F(y)]^2 \cdot f(y) = \begin{cases} 3\left(\dfrac{y}{\theta}\right)^2 \cdot \dfrac{1}{\theta}, & 0 \leq y < \theta, \\ 0, & 其他, \end{cases}$$

Z 的分布函数与概率密度分别为

$$F_Z(z) = 1 - [1 - F(z)]^3 = \begin{cases} 1, & z \geq \theta, \\ 1 - \left(1 - \dfrac{z}{\theta}\right)^3, & 0 \leq z < \theta, \\ 0, & z < 0, \end{cases}$$

$$f_Z(z;\theta) = 3[1 - F(z)]^2 f(z) = \begin{cases} 3\left(1 - \dfrac{z}{\theta}\right)^2 \cdot \dfrac{1}{\theta}, & 0 \leq z < \theta, \\ 0, & 其他. \end{cases}$$

3.（离散型，连续型）→连续型 (D₁（常规操作）)

设 $X \sim p_i$，$Y \sim f_Y(y)$，$Z = g(X,Y)$（常考 $X \pm Y$，XY 等），则

① X,Y 独立时，可用分布函数法及全概率公式求 $F_Z(z)$；

② X,Y 不独立时，用分布函数法求 $F_Z(z)$。

(形式化归体系块)

例 5.7 设随机变量 X_1, X_2, X_3 相互独立，其中 X_1 与 X_2 均服从标准正态分布，X_3 的概率分布为 $P\{X_3 = 0\} = P\{X_3 = 1\} = \dfrac{1}{2}$，$Y = X_3 X_1 + (1 - X_3) X_2$.

（1）求二维随机变量 (X_1, Y) 的分布函数，结果用标准正态分布函数 $\Phi(x)$ 表示；

（2）证明随机变量 Y 服从标准正态分布.

（1）【解】记 (X_1, Y) 的分布函数为 $F(x, y)$，则对任意实数 x 和 y，都有

$$F(x, y) = P\{X_1 \leqslant x, Y \leqslant y\}$$

D_{23}（化归经典形式）$\to = P\{X_1 \leqslant x, X_3 X_1 + (1 - X_3) X_2 \leqslant y, \Omega\}$
$= P\{X_1 \leqslant x, X_3 X_1 + (1 - X_3) X_2 \leqslant y, \{X_3 = 0\} \cup \{X_3 = 1\}\}$

$$= P\{X_1 \leqslant x, X_3 X_1 + (1 - X_3) X_2 \leqslant y\}$$

$$= P\{X_3 = 0\} P\{X_1 \leqslant x, X_3 X_1 + (1 - X_3) X_2 \leqslant y \mid X_3 = 0\} +$$
$$\quad P\{X_3 = 1\} P\{X_1 \leqslant x, X_3 X_1 + (1 - X_3) X_2 \leqslant y \mid X_3 = 1\}$$

$$= \frac{1}{2} P\{X_1 \leqslant x, X_2 \leqslant y \mid X_3 = 0\} + \frac{1}{2} P\{X_1 \leqslant x, X_1 \leqslant y \mid X_3 = 1\}$$

（独立性）

$$= \frac{1}{2} P\{X_1 \leqslant x, X_2 \leqslant y\} + \frac{1}{2} P\{X_1 \leqslant x, X_1 \leqslant y\}$$

$$= \frac{1}{2} P\{X_1 \leqslant x, X_2 \leqslant y\} + \frac{1}{2} P\{X_1 \leqslant \min\{x, y\}\}$$

$$= \frac{1}{2} \Phi(x) \Phi(y) + \frac{1}{2} \Phi(\min\{x, y\}).$$

（2）【证】由（1）知，Y 的分布函数为

$$F_Y(y) = \lim_{x \to +\infty} F(x, y)$$

$$= \lim_{x \to +\infty} \left[\frac{1}{2} \Phi(x) \Phi(y) + \frac{1}{2} \Phi(\min\{x, y\}) \right]$$

$$= \frac{1}{2} \Phi(y) + \frac{1}{2} \Phi(y) = \Phi(y),$$

所以 Y 服从标准正态分布.

例 5.8 设随机变量 X 满足 $|X| \leqslant 1$，$P\{X = -1\} = P\{X = 1\} = \dfrac{1}{4}$，当 $|X| < 1$ 时，X 服从 $(-1, 1)$ 上的均匀分布，Y 服从参数为 1 的指数分布，X, Y 独立，令 $Z = X + Y$. 求：

（1）X 的分布函数 $F_X(x)$；

（2）Z 的分布函数 $F_Z(z)$.

【解】（1）当 $x < -1$ 时，$F(x) = P\{X \leqslant x\} = 0$；

当 $x = -1$ 时，$F(x) = P\{X \leqslant x\} = \dfrac{1}{4}$；

当 $-1 < x < 1$ 时，

$$F(x) = P\{X \leqslant -1\} + P\{-1 < X \leqslant x\},$$

D_{23}（化归经典形式）

其中 $P\{-1 < X \leqslant x\} = P\{-1 < X \leqslant x, \Omega\}$

$$= P\{-1 < X \leqslant x, -1 < X < 1\} + P\{-1 < X \leqslant x, \overline{-1 < X < 1}\}$$

$$= P\{-1 < X \leq x \mid -1 < X < 1\}P\{-1 < X < 1\} + P\{-1 < X \leq x \mid \overline{-1 < X < 1}\}P\{\overline{-1 < X < 1}\}$$

$$= \frac{x+1}{1-(-1)} \cdot \frac{1}{2} + 0 = \frac{x+1}{4},$$

故 $F(x) = \frac{1}{4} + \frac{x+1}{4} = \frac{2+x}{4}$；

当 $x \geq 1$ 时，$F(x) = 1$.

综上，X 的分布函数为

$$F_X(x) = \begin{cases} 0, & x < -1, \\ \dfrac{2+x}{4}, & -1 \leq x < 1, \\ 1, & x \geq 1. \end{cases}$$

（2）记 $A = \{-1 < X < 1\}$，由（1）知

$$f_X(x) = f_X(x \mid A)P(A) + f_X(x \mid \overline{A})P(\overline{A}) = \begin{cases} \dfrac{1}{4}, & -1 < x < 1, \\ 0, & \text{其他}. \end{cases} \quad \left(\text{或 } f_X(x) = F_X'(x) = \begin{cases} \dfrac{1}{4}, & -1 < x < 1, \\ 0, & \text{其他} \end{cases}\right)$$

$$F_Z(z) = P\{Z \leq z\} = P\{X+Y \leq z\}$$

D₂₃（化归经典形式） $= P\{X = -1\}P\{Y \leq z+1\} + P\{X = 1\}P\{Y \leq z-1\} + P\{X+Y \leq z, -1 < X < 1\}$，

其中

$$P\{Y \leq z+1\} = F_Y(z+1) = \begin{cases} 1 - e^{-(z+1)}, & z+1 \geq 0, \\ 0, & \text{其他}, \end{cases}$$

$$P\{Y \leq z-1\} = F_Y(z-1) = \begin{cases} 1 - e^{-(z-1)}, & z-1 \geq 0, \\ 0, & \text{其他}. \end{cases}$$

① 当 $z < -1$ 时，$P\{X+Y \leq z, -1 < X < 1\} = 0$.

② 当 $-1 \leq z < 1$ 时，

$$P\{X+Y \leq z, -1 < X < 1\} = \int_{-1}^{z} dx \int_{0}^{z-x} \frac{1}{4} e^{-y} dy = \frac{1}{4} \int_{-1}^{z} \left(e^{-y}\Big|_{z-x}^{0}\right) dx$$

$$= \frac{1}{4} \int_{-1}^{z} (1 - e^{x-z}) dx = \frac{1}{4}(z+1) - \frac{1}{4} e^{x-z} \Big|_{-1}^{z}$$

$$= \frac{1}{4}(z+1) - \frac{1}{4}(1 - e^{-1-z})$$

$$= \frac{1}{4}(z + e^{-1-z}).$$

③ 当 $z \geq 1$ 时，

$$P\{X+Y \leq z, -1 < X < 1\} = \int_{-1}^{1} dx \int_{0}^{z-x} \frac{1}{4} e^{-y} dy$$

$$= \frac{1}{4} \int_{-1}^{1} (1 - e^{x-z}) dx$$

$$= \frac{1}{2} - \frac{1}{4} e^{x-z} \Big|_{-1}^{1}$$

$$= \frac{1}{2} - \frac{1}{4}(e^{1-z} - e^{-1-z}).$$

综上，

$$F_Z(z) = \begin{cases} 0, & z < -1, \\ \dfrac{1}{4}[1-e^{-(z+1)}] + \dfrac{1}{4}[z+e^{-(z+1)}], & -1 \leqslant z < 1, \\ \dfrac{1}{4}[1-e^{-(z+1)}] + \dfrac{1}{4}[1-e^{-(z-1)}] + \dfrac{1}{2} - \dfrac{1}{4}(e^{1-z}-e^{-1-z}), & z \geqslant 1 \end{cases}$$

$$= \begin{cases} 0, & z < -1, \\ \dfrac{1+z}{4}, & -1 \leqslant z < 1, \\ 1 - \dfrac{1}{2}e^{1-z}, & z \geqslant 1. \end{cases}$$

【注】这是作者新命制的考题，这种考法尚未出现过，应重视．

二、一维→多维 (O_2(盯住目标 2))

1. 离散型→（离散型，离散型） (D_1(常规操作))

$$X \sim p_i, \quad \begin{cases} U = g(X), \\ V = h(X) \end{cases} \Rightarrow (U,V) \sim q_{ij}$$

（离散型，离散型）往往人为制造，如伯努利计数变量

2. 连续型→（离散型，离散型） (D_1(常规操作))

$$X \sim f(x), \quad \begin{cases} U = g(X), \\ V = h(X) \end{cases} \Rightarrow (U,V) \sim p_{ij}.$$

三、多维→多维 (O_3(盯住目标 3))

1.（离散型，离散型）→（离散型，离散型） (D_1(常规操作))

$$(X,Y) \sim p_{ij}, \quad \begin{cases} U = g(X,Y), \\ V = h(X,Y) \end{cases} \Rightarrow (U,V) \sim q_{ij}.$$

2.（连续型，连续型）→（离散型，离散型）或（连续型，连续型） (D_1(常规操作))

$$(X,Y) \sim f(x,y), \quad \begin{cases} U = g(X,Y), \\ V = h(X,Y) \end{cases} \Rightarrow (U,V) \sim p_{ij} \text{ 或 } f_{U,V}(u,v).$$

3.（离散型，连续型）→（离散型，离散型） (D_1(常规操作))

$$X \sim p_i, \quad Y \sim f_Y(y), \quad \begin{cases} U = g(X,Y), \\ V = h(X,Y) \end{cases} \Rightarrow (U,V) \sim q_{ij}.$$

例 5.9 已知随机变量 X 与 Y 相互独立，$X \sim \begin{pmatrix} 0 & 1 \\ \dfrac{1}{4} & \dfrac{3}{4} \end{pmatrix}$，$Y$ 服从参数为 1 的指数分布，记

$$U = \begin{cases} 0, & X < Y, \\ 1, & X \geqslant Y, \end{cases} \quad V = \begin{cases} 0, & X < 2Y, \\ 1, & X \geqslant 2Y, \end{cases}$$

求 (U,V) 的分布律．

【解】 由例 1.4 知,

$$P\{U=0\} = \frac{1}{4} + \frac{3}{4}e^{-1}, P\{V=0\} = \frac{1}{4} + \frac{3}{4}e^{-\frac{1}{2}},$$

则有

$$P\{U=1\} = 1 - P\{U=0\} = \frac{3}{4} - \frac{3}{4}e^{-1},$$

$$P\{V=1\} = 1 - P\{V=0\} = \frac{3}{4} - \frac{3}{4}e^{-\frac{1}{2}}.$$

又 $P\{U=0, V=1\} = P\{X<Y, X \geq 2Y\} = 0$,所以 (U,V) 的分布律为

V \ U	0	1	$p_{\cdot j}$
0	$\frac{1}{4} + \frac{3}{4}e^{-1}$	$\frac{3}{4}e^{-\frac{1}{2}} - \frac{3}{4}e^{-1}$	$\frac{1}{4} + \frac{3}{4}e^{-\frac{1}{2}}$
1	0	$\frac{3}{4} - \frac{3}{4}e^{-\frac{1}{2}}$	$\frac{3}{4} - \frac{3}{4}e^{-\frac{1}{2}}$
$p_{i\cdot}$	$\frac{1}{4} + \frac{3}{4}e^{-1}$	$\frac{3}{4} - \frac{3}{4}e^{-1}$	1

第 6 讲 数字特征

三向解题法

计算数字特征、判别独立与不相关、用切比雪夫不等式作概率估计
(O(盯住目标))

- 数学期望 (O_1(盯住目标 1))
- 协方差 $\mathrm{Cov}(X,Y)$ 与相关系数 ρ_{XY} (O_3(盯住目标 3))
- 切比雪夫不等式 (O_5(盯住目标 5))
- 方差 (O_2(盯住目标 2))
- 独立性与不相关性的判定 (O_4(盯住目标 4))

一、数学期望 (O_1(盯住目标 1))

数学期望就是随机变量的取值与取值概率乘积的和．

1. X

① $X \sim p_i \Rightarrow EX = \sum_i x_i p_i \begin{cases} \text{有限项相加}, \\ \text{无穷项相加(无穷级数)}. \end{cases}$

② $X \sim f(x) \Rightarrow EX = \int_{-\infty}^{+\infty} x f(x)\mathrm{d}x \begin{cases} \text{有限区间积分(定积分)}, \\ \text{无穷区间积分(反常积分)}. \end{cases}$

例 6.1 设随机变量 X 的概率密度为 $f(x) = \begin{cases} a^{-x}\ln a, & x > 0, \\ 0, & \text{其他} \end{cases}$ $(a > 0)$. 对 X 进行独立重复观测, 直到第 2 个大于 3 的观测值出现时停止, 记 Y 为观测次数, $P\{X > 3\} = \dfrac{1}{8}$.

（1）求 a 的值；

（2）求 EY.

【解】（1）当 $x > 0$ 时, $f(x) = a^{-x}\ln a = \ln a \cdot e^{-(\ln a)x}$, 故 X 服从参数为 $\lambda = \ln a$ 的指数分布, 故 ▶D_{23}(化归经典形式)

$$P\{X>3\}=1-F(3)=1-(1-e^{-3\ln a})=e^{-3\ln a}=\frac{1}{8},$$

解得 $a=2$.

（2）依题意知 Y 为离散型随机变量，而且取值为 $2, 3, \cdots$，令 $p=P\{X>3\}$，则 Y 的概率分布为

$$P\{Y=k\}=C_{k-1}^1 p(1-p)^{k-2}\cdot p=C_{k-1}^1 p^2(1-p)^{k-2}=(k-1)\left(\frac{1}{8}\right)^2\left(\frac{7}{8}\right)^{k-2}, \quad k=2, 3, \cdots.$$

$$EY=\sum_{k=2}^{\infty}k\cdot(k-1)\left(\frac{1}{8}\right)^2\left(\frac{7}{8}\right)^{k-2}=\frac{1}{64}\sum_{k=2}^{\infty}k(k-1)\left(\frac{7}{8}\right)^{k-2}$$

D_{23}（化归经典形式）

$$=\frac{1}{64}\sum_{k=2}^{\infty}(x^k)''\bigg|_{x=\frac{7}{8}}=\frac{1}{64}\left(\sum_{k=2}^{\infty}x^k\right)''\bigg|_{x=\frac{7}{8}}=\frac{1}{64}\cdot\left(\frac{x^2}{1-x}\right)''\bigg|_{x=\frac{7}{8}}$$

$$=\frac{1}{64}\cdot\frac{2}{(1-x)^3}\bigg|_{x=\frac{7}{8}}=16.$$

2. $g(X)$

g 为连续函数（或分段连续函数）.

① $X\sim p_i$，$Y=g(X)\Rightarrow EY=\sum_i g(x_i)p_i$.

② $X\sim f(x)$，$Y=g(X)\Rightarrow EY=\int_{-\infty}^{+\infty}g(x)f(x)\mathrm{d}x$.

3. $g(X,Y)$

① $(X,Y)\sim p_{ij}$，$Z=g(X,Y)\Rightarrow EZ=\sum_i\sum_j g(x_i,y_j)p_{ij}$.

② $(X,Y)\sim f(x,y)$，$Z=g(X,Y)\Rightarrow EZ=\int_{-\infty}^{+\infty}\int_{-\infty}^{+\infty}g(x,y)f(x,y)\mathrm{d}x\mathrm{d}y$.

4. 最值

① 若 $X_i(i=1,2,\cdots,n; n\geq 2)$ 独立同分布，其分布函数为 $F(x)$，概率密度为 $f(x)$，记

$$Y=\min\{X_1,X_2,\cdots,X_n\}, \quad Z=\max\{X_1,X_2,\cdots,X_n\},$$

则

a. $F_Y(y)=1-[1-F(y)]^n$，$f_Y(y)=n[1-F(y)]^{n-1}f(y)\Rightarrow EY=\int_{-\infty}^{+\infty}yf_Y(y)\mathrm{d}y$；

b. $F_Z(z)=[F(z)]^n$，$f_Z(z)=n[F(z)]^{n-1}f(z)\Rightarrow EZ=\int_{-\infty}^{+\infty}zf_Z(z)\mathrm{d}z$.

② 用好转化公式：

$$\max\{X,Y\}=\frac{X+Y+|X-Y|}{2}; \min\{X,Y\}=\frac{X+Y-|X-Y|}{2}; \max\{X,Y\}+\min\{X,Y\}=X+Y;$$

$$\max\{X,Y\}-\min\{X,Y\}=|X-Y|; \max\{X,Y\}\cdot\min\{X,Y\}=XY.$$

③ 用好降维法，令 $Z=X-Y$.

④ 用好标准化，令 $U=\dfrac{X-\mu}{\sigma}$.

形式化归体系块

例 6.2 设 X, Y 独立同分布于 $N(0,1)$，求 $E(\max\{X,Y\})$ 和 $E(\min\{X,Y\})$.

【解】由题设，$X-Y \sim N(0,2)$，且 $\max\{X,Y\} = \dfrac{X+Y+|X-Y|}{2}$，故

$$E(\max\{X,Y\}) = \dfrac{EX+EY+E(|X-Y|)}{2} = \dfrac{E(|X-Y|)}{2}$$

D_{23}（化归经典形式）$\xrightarrow[Z \sim N(0,2)]{\diamondsuit X-Y=Z} \dfrac{1}{2}E(|Z|) = \dfrac{1}{2} \cdot \dfrac{1}{\sqrt{2\pi} \cdot \sqrt{2}} \int_{-\infty}^{+\infty} |z| e^{-\frac{z^2}{4}} dz$

$$= \dfrac{1}{\sqrt{2\pi} \cdot \sqrt{2}} \int_{0}^{+\infty} z e^{-\frac{z^2}{4}} dz$$

$$= \dfrac{1}{\sqrt{2\pi} \cdot \sqrt{2}} \left(-2 e^{-\frac{z^2}{4}} \right)\bigg|_{0}^{+\infty} = \dfrac{1}{\sqrt{\pi}}.$$

同理，$E(\min\{X,Y\}) = \dfrac{EX+EY-E(|X-Y|)}{2} = -\dfrac{E(|X-Y|)}{2} = -\dfrac{1}{\sqrt{\pi}}$.

【注】因 $\max\{X,Y\} + \min\{X,Y\} = X + Y$，故

$$E(\min\{X,Y\}) = EX + EY - E(\max\{X,Y\}) = 0 + 0 - \dfrac{1}{\sqrt{\pi}} = -\dfrac{1}{\sqrt{\pi}}.$$

5. 分解

若 $X = X_1 + X_2 + \cdots + X_n$，则 $EX = EX_1 + EX_2 + \cdots + EX_n$.

例 6.3 设随机变量 X 服从参数为 λ 的指数分布，$Y=[X], Z=\{X\}$ 分别是 X 的整数部分和小数部分．求 EY 和 EZ.

【解】由例 3.3 可知 $Y+1$ 服从参数为 $1-e^{-\lambda}$ 的几何分布，则

$$E(Y+1) = \dfrac{1}{1-e^{-\lambda}}, EY = \dfrac{1}{1-e^{-\lambda}} - 1 = \dfrac{1}{e^{\lambda}-1}.$$

由题意，有 $X = Y + Z,$

于是

$$EZ = EX - EY = \dfrac{1}{\lambda} - \dfrac{1}{e^{\lambda}-1} = \dfrac{e^{\lambda}-1-\lambda}{\lambda(e^{\lambda}-1)}.$$

【注】由 $EX = EY + EZ$，巧妙地回避了求 Z 的分布的难题，而 Y, Z 满足上式也并无独立性要求．

6. 性质

① $Ea = a$，$E(EX) = EX$． ← 无条件打开

② $E(aX+bY) = aEX + bEY$，$E\left(\sum\limits_{i=1}^{n} a_i X_i\right) = \sum\limits_{i=1}^{n} a_i EX_i$．

③ 若 X, Y 相互独立，则 $E(XY) = EXEY$．

二、方差 (O_2(盯住目标2))

1. X

（1）定义.

$DX = E[(X-EX)^2]$，X 的方差就是 $Y = (X-EX)^2$ 的数学期望.

（2）定义法.

$$\begin{cases} X \sim p_i \Rightarrow DX = E[(X-EX)^2] = \sum_i (x_i - EX)^2 p_i, \\ X \sim f(x) \Rightarrow DX = E[(X-EX)^2] = \int_{-\infty}^{+\infty} (x-EX)^2 f(x) dx. \end{cases}$$

（3）公式法.

$DX = E(X^2) - (EX)^2.$

例 6.4 设随机变量 X 的概率分布为 $P\{X=k\} = \dfrac{1}{2^k}, k=1,2,3,\cdots$. Y 表示 X 被 3 除的余数，则 Y 的方差为_____.

【解】应填 $\dfrac{20}{49}$.

由例 3.1 可知，Y 的概率分布为 $Y \sim \begin{pmatrix} 0 & 1 & 2 \\ \frac{1}{7} & \frac{4}{7} & \frac{2}{7} \end{pmatrix}$，所以

$$EY = 0 \times \frac{1}{7} + 1 \times \frac{4}{7} + 2 \times \frac{2}{7} = \frac{8}{7},$$

$$E(Y^2) = 0 \times \frac{1}{7} + 1^2 \times \frac{4}{7} + 2^2 \times \frac{2}{7} = \frac{12}{7},$$

$$DY = E(Y^2) - (EY)^2 = \frac{12}{7} - \left(\frac{8}{7}\right)^2 = \frac{20}{49}.$$

2. 最值的方差

接"一、数学期望"的"4. 最值"，有

$$E(Y^2) = \int_{-\infty}^{+\infty} y^2 f_Y(y) dy \Rightarrow DY = E(Y^2) - (EY)^2;$$

$$E(Z^2) = \int_{-\infty}^{+\infty} z^2 f_Z(z) dz \Rightarrow DZ = E(Z^2) - (EZ)^2.$$

3. 绝对值函数 $|aX+bY+c|$ 的方差

若 $U = aX + bY + c$，则

$EU = aEX + bEY + c,$
$DU = a^2 DX + b^2 DY$（X,Y 相互独立），
$D(|U|) = E(U^2) - [E(|U|)]^2$
$\quad\quad\quad = DU + (EU)^2 - [E(|U|)]^2,$

D_{23}（化归经典形式）

其中 $E(|U|) = \begin{cases} \int_{-\infty}^{+\infty} |u| f(u) \mathrm{d}u \text{（连续型）}, \\ \sum\limits_{i} |u_i| p_i \text{(离散型)}. \end{cases}$

例 6.5 设 X_1，X_2 为来自总体 $N(\mu, \sigma^2)$ 的简单随机样本，其中 $\sigma(\sigma > 0)$ 是未知参数. 记 $\hat{\sigma} = a|X_1 - X_2|(a > 0)$，若 $D\hat{\sigma} = \sigma^2$，则 $a = $ _____ .

【解】应填 $\sqrt{\dfrac{\pi}{2\pi - 4}}$.

令 $Z = X_1 - X_2$，则 $Z \sim N(0, 2\sigma^2)$，故

$$E(|Z|) = \int_{-\infty}^{+\infty} |z| \cdot \frac{1}{\sqrt{2\pi} \cdot \sqrt{2}\sigma} \cdot \mathrm{e}^{-\frac{z^2}{4\sigma^2}} \mathrm{d}z$$

$$= 2\int_{0}^{+\infty} \frac{z}{2\sqrt{\pi}\sigma} \mathrm{e}^{-\frac{z^2}{4\sigma^2}} \mathrm{d}z$$

$$= -\frac{2\sigma}{\sqrt{\pi}} \mathrm{e}^{-\frac{z^2}{4\sigma^2}}\Bigg|_{0}^{+\infty}$$

$$= \frac{2\sigma}{\sqrt{\pi}}.$$

因此

$$D(|Z|) = DZ + (EZ)^2 - [E(|Z|)]^2$$

$$= 2\sigma^2 - \frac{4\sigma^2}{\pi}$$

$$= 2\sigma^2 \left(1 - \frac{2}{\pi}\right).$$

故 $a^2 \cdot 2\sigma^2 \left(1 - \dfrac{2}{\pi}\right) = \sigma^2$，于是 $a = \sqrt{\dfrac{1}{2 - \dfrac{4}{\pi}}} = \sqrt{\dfrac{\pi}{2\pi - 4}}$.

4. 分解随机变量后再求方差

若 $X = X_1 + X_2 + \cdots + X_n$，则 $DX = DX_1 + DX_2 + \cdots + DX_n + 2\sum\limits_{1 \leqslant i < j \leqslant n} \mathrm{Cov}(X_i, X_j)$.

当 X_1，X_2，$\cdots$，X_n 相互独立时，有 $DX = DX_1 + DX_2 + \cdots + DX_n$.

5. 性质

① $DX \geqslant 0$，$E(X^2) = DX + (EX)^2 \geqslant (EX)^2$.

② $Dc = 0$（c 为常数）.

$DX = 0 \Leftrightarrow X$ 几乎处处为某个常数 a，即 $P\{X = a\} = 1$.

③ $D(aX + b) = a^2 DX$.

④ $D(X \pm Y) = DX + DY \pm 2\mathrm{Cov}(X, Y)$，$D\left(\sum\limits_{i=1}^{n} a_i X_i\right) = \sum\limits_{i=1}^{n} a_i^2 DX_i + 2\sum\limits_{1 \leqslant i < j \leqslant n} a_i a_j \mathrm{Cov}(X_i, X_j)$.

6. 常用分布的 EX，DX

考生应记住如下常用分布的 EX，DX.

① 0—1 分布，$EX = p$，$DX = p - p^2 = (1 - p)p$.

② $X \sim B(n,p)$，$EX = np$，$DX = np(1-p)$.

③ $X \sim P(\lambda)$，$EX = \lambda$，$DX = \lambda$.

④ $X \sim G(p)$，$EX = \dfrac{1}{p}$，$DX = \dfrac{1-p}{p^2}$.

⑤ $X \sim U(a,b)$，$EX = \dfrac{a+b}{2}$，$DX = \dfrac{(b-a)^2}{12}$.

⑥ $X \sim E(\lambda)$，$EX = \dfrac{1}{\lambda}$，$DX = \dfrac{1}{\lambda^2}$.

⑦ $X \sim N(\mu,\sigma^2)$，$EX = \mu$，$DX = \sigma^2$.

⑧ $X \sim \chi^2(n)$，$EX = n$，$DX = 2n$.

三、协方差 $\mathrm{Cov}(X,Y)$ 与相关系数 ρ_{XY}（O₃（盯住目标3））

1. $\mathrm{Cov}(X,Y)$

（1）定义.

→ X,Y 偏差（波动）程度

$\mathrm{Cov}(X,Y) \triangleq E[(X-EX)(Y-EY)]$.

【注】$\mathrm{Cov}(X,X) = E[(X-EX)(X-EX)]$
$= E[(X-EX)^2] = DX$.

（2）定义法.

$(X,Y) \sim p_{ij} \Rightarrow \mathrm{Cov}(X,Y) = \sum_i \sum_j (x_i - EX)(y_j - EY) p_{ij}$,

$(X,Y) \sim f(x,y) \Rightarrow \mathrm{Cov}(X,Y) = \int_{-\infty}^{+\infty}\int_{-\infty}^{+\infty} (x-EX)(y-EY) f(x,y) \mathrm{d}x\mathrm{d}y$.

（3）公式法.

$\mathrm{Cov}(X,Y) = E(XY) - EXEY$.

2. ρ_{XY} 定义（相关系数，表示线性相依程度）

$\rho_{XY} = \dfrac{\mathrm{Cov}(X,Y)}{\sqrt{DX}\sqrt{DY}} \begin{cases} = 0 \Leftrightarrow X,Y \text{不相关},\\ \neq 0 \Leftrightarrow X,Y \text{相关}. \end{cases}$

（量纲为1，无单位）

→ $-1 \leq \rho \leq 1$

强 ← 弱 → 强

在 $\rho=0$ 时，线性相依程度为0，往两边走，线性相依程度增强，在 $\rho=1$ 或 $\rho=-1$ 时线性相依程度最强，见下面"3.⑤".

3. 性质

① $\mathrm{Cov}(X,Y) = \mathrm{Cov}(Y,X)$.

② $\mathrm{Cov}(aX,bY) = ab\mathrm{Cov}(X,Y)$.

→ D₂₃（化归经典形式）
②③ 特别爱考，要用好．

③ $\mathrm{Cov}(X_1 + X_2, Y) = \mathrm{Cov}(X_1, Y) + \mathrm{Cov}(X_2, Y)$.

④ $|\rho_{XY}| \leq 1$.

⑤ $\rho_{XY} = 1 \Leftrightarrow P\{Y = aX+b\} = 1 (a > 0)$.

$\rho_{XY} = -1 \Leftrightarrow P\{Y = aX + b\} = 1(a < 0)$.

【注】（1）$Y = aX + b$，$a > 0 \Rightarrow \rho_{XY} = 1$；$Y = aX + b$，$a < 0 \Rightarrow \rho_{XY} = -1$．
（2）常见线性关系：
① 抛 n 次硬币，正面次数为 X，反面次数为 Y，则 $X + Y = n$，X，Y 为线性关系；
② 取自单位圆边界上的点 (X, Y)，则 $X^2 + Y^2 = 1$，X^2，Y^2 为线性关系；
③ $\sin^2 X + \cos^2 X = 1$，$\sin^2 X$ 与 $\cos^2 X$ 为线性关系．

⑥ 五个充要条件．

$\rho_{XY} = 0 \Leftrightarrow \text{Cov}(X, Y) = 0 \Leftrightarrow E(XY) = EXEY$
$\Leftrightarrow D(X + Y) = DX + DY \Leftrightarrow D(X - Y) = DX + DY$． 〉等价表述体系块

⑦ X，Y 独立 $\Rightarrow \rho_{XY} = 0$．

⑧ 若 $(X, Y) \sim N(\mu_1, \mu_2; \sigma_1^2, \sigma_2^2; \rho_{XY})$，则 X，Y 独立 $\Leftrightarrow X$，Y 不相关（$\rho_{XY} = 0$）．

例 6.6 设二维随机变量 (X, Y) 服从正态分布 $N(0, 0; 1, 1; \rho)$，其中 $\rho \in (-1, 1)$，若 a，b 为满足 $a^2 + b^2 = 1$ 的任意实数，则 $D(aX + bY)$ 的最大值为（　　）．

（A）1　　　　（B）2　　　　（C）$1 + |\rho|$　　　　（D）$1 + \rho^2$

【解】应选（C）．

$$D(aX + bY) = a^2 DX + b^2 DY + 2\text{Cov}(aX, bY) = a^2 + b^2 + 2ab\rho \cdot 1 \cdot 1 = 1 + 2ab\rho,$$

又 $|ab\rho| \leq \left|\dfrac{a^2 + b^2}{2}\rho\right| = \left|\dfrac{\rho}{2}\right|$，则有 $D(aX + bY) = 1 + 2ab\rho \leq 1 + |\rho|$．故选（C）．

例 6.7 设随机变量 X 服从正态分布 $N(-1, 1)$，Y 服从正态分布 $N(1, 2)$，若 X 与 $X + 2Y$ 不相关，则 X 与 $X - Y$ 的相关系数为（　　）．

（A）$\dfrac{1}{3}$　　　　（B）$\dfrac{1}{2}$　　　　（C）$\dfrac{2}{3}$　　　　（D）$\dfrac{3}{4}$

【解】应选（D）．　→ D_{23}（化归经典形式）

由 $\text{Cov}(X, X + 2Y) = \text{Cov}(X, X) + 2\text{Cov}(X, Y) = DX + 2\text{Cov}(X, Y) = 0$，得

$$\text{Cov}(X, Y) = -\dfrac{1}{2}DX = -\dfrac{1}{2}.$$

D_{23}（化归经典形式）

又　　$\text{Cov}(X, X - Y) = \text{Cov}(X, X) - \text{Cov}(X, Y) = DX - \text{Cov}(X, Y) = 1 + \dfrac{1}{2} = \dfrac{3}{2}$，

$$D(X - Y) = DX + DY - 2\text{Cov}(X, Y) = 1 + 2 - 2 \times \left(-\dfrac{1}{2}\right) = 4,$$

所以 $\rho_{X(X-Y)} = \dfrac{\text{Cov}(X, X - Y)}{\sqrt{DX \cdot D(X - Y)}} = \dfrac{\frac{3}{2}}{\sqrt{1 \times 4}} = \dfrac{3}{4}$．

四、独立性与不相关性的判定 (O₄(盯住目标4))

1. 用分布判独立

否定方法：存在 x_0, y_0，使 $F(x_0, y_0) \neq F_X(x_0) \cdot F_Y(y_0) \Leftrightarrow X, Y$ 不独立.

随机变量 X 与 Y 相互独立，指对任意实数 x, y，事件 $\{X \leq x\}$ 与 $\{Y \leq y\}$ 相互独立，即 X 和 Y 的联合分布等于边缘分布相乘：$F(x, y) = F_X(x) \cdot F_Y(y)$.

① 若 (X, Y) 是连续型的，则 X 与 Y 相互独立的充要条件是 $f(x, y) = f_X(x) \cdot f_Y(y)$；

② 若 (X, Y) 是离散型的，则 X 与 Y 相互独立的充要条件是
$$P\{X = x_i, Y = y_j\} = P\{X = x_i\} \cdot P\{Y = y_j\}.$$

2. 用数字特征判不相关

随机变量 X 与 Y 不相关，意指 X 与 Y 之间不存在线性相依性，即 $\rho_{XY} = 0$，其充要条件是
$$\rho_{XY} = 0 \Leftrightarrow \text{Cov}(X, Y) = 0 \Leftrightarrow E(XY) = EXEY \Leftrightarrow D(X \pm Y) = DX + DY.$$

3. 步骤

先计算 $\text{Cov}(X, Y)$，然后按下列步骤进行判断或再计算：

$$\text{Cov}(X, Y) = E(XY) - EXEY \begin{cases} \neq 0 \Leftrightarrow X \text{ 与 } Y \text{ 相关} \Rightarrow X \text{ 与 } Y \text{ 不独立}. \\ = 0 \Leftrightarrow X \text{ 与 } Y \text{ 不相关，通过分布推断} \end{cases} \begin{cases} X, Y \text{ 独立}, \\ X, Y \text{ 不独立}. \end{cases}$$

4. 重要结论

① 如果 X 与 Y 独立，则 X, Y 不相关，反之不然.

② 由"①"知，如果 X 与 Y 相关，则 X, Y 不独立.

③ 如果 (X, Y) 服从二维正态分布，则 X, Y 独立 $\Leftrightarrow X, Y$ 不相关.

④ 如果 X 与 Y 均服从 0—1 分布，则 X, Y 独立 $\Leftrightarrow X, Y$ 不相关.

例 6.8 设随机变量 (X, Y) 服从二维正态分布 $N\left(0, 0; 1, 4; -\dfrac{1}{2}\right)$，则下列随机变量中服从标准正态分布且与 X 独立的是（　　）.

(A) $\dfrac{\sqrt{5}}{5}(X + Y)$　　　(B) $\dfrac{\sqrt{5}}{5}(X - Y)$　　　(C) $\dfrac{\sqrt{3}}{3}(X + Y)$　　　(D) $\dfrac{\sqrt{3}}{3}(X - Y)$

【解】应选（C）.

由 (X, Y) 服从二维正态分布 $N\left(0, 0; 1, 4; -\dfrac{1}{2}\right)$，可知 $X \sim N(0, 1), Y \sim N(0, 4), \rho_{XY} = -\dfrac{1}{2}$，于是

$$E(X + Y) = EX + EY = 0, D(X + Y) = DX + DY + 2\text{Cov}(X, Y) = 5 + 2\rho_{XY} \cdot \sqrt{DX} \cdot \sqrt{DY} = 3,$$

$$E(X - Y) = EX - EY = 0, D(X - Y) = DX + DY - 2\text{Cov}(X, Y) = 7,$$

故 $X + Y \sim N(0, 3), \dfrac{X + Y}{\sqrt{3}} = \dfrac{\sqrt{3}}{3}(X + Y) \sim N(0, 1)$，$X - Y \sim N(0, 7), \dfrac{X - Y}{\sqrt{7}} = \dfrac{\sqrt{7}}{7}(X - Y) \sim N(0, 1)$.

综上，只能选（C）.

事实上，$\begin{pmatrix} X \\ X+Y \end{pmatrix} = \begin{pmatrix} 1 & 0 \\ 1 & 1 \end{pmatrix} \begin{pmatrix} X \\ Y \end{pmatrix}$，这里矩阵 $\begin{pmatrix} 1 & 0 \\ 1 & 1 \end{pmatrix}$ 可逆，于是 $(X, X+Y)$ 仍是二维正态分布，且

$$\text{Cov}(X, X+Y) = \text{Cov}(X, X) + \text{Cov}(X, Y) = DX + \rho_{XY} \cdot \sqrt{DX} \cdot \sqrt{DY} = 0,$$

于是 X 与 $X+Y$ 独立.

【注】只有在二维正态分布下，不相关才能断言独立.

五、切比雪夫不等式 (O₅(盯住目标 5))

设随机变量 X 的数学期望与方差均存在，则对任意 $\varepsilon > 0$，

$$P\{|X - EX| \geq \varepsilon\} \leq \frac{DX}{\varepsilon^2} \quad \text{或} \quad P\{|X - EX| < \varepsilon\} \geq 1 - \frac{DX}{\varepsilon^2}.$$

例 6.9 设随机变量 $X_1, X_2, \cdots, X_n$ 独立同分布，记 $E(X_i^k) = \mu_k (k=1,2,3,4)$，则由切比雪夫不等式，对任意 $\varepsilon > 0$，有 $P\left\{\left|\frac{1}{n}\sum_{i=1}^{n} X_i^2 - \mu_2\right| \geq \varepsilon \right\} \leq (\qquad)$.

（A）$\dfrac{\mu_4 - \mu_2^2}{n\varepsilon^2}$ （B）$\dfrac{\mu_4 - \mu_2^2}{\sqrt{n}\varepsilon^2}$ （C）$\dfrac{\mu_2 - \mu_1^2}{n\varepsilon^2}$ （D）$\dfrac{\mu_2 - \mu_1^2}{\sqrt{n}\varepsilon^2}$

【解】应选（A）.

由 $\mu_k = E(X_i^k)$，知 $\mu_2 = E\left(\dfrac{1}{n}\sum_{i=1}^{n} X_i^2\right) = E(X_i^2)$，

$$D\left(\frac{1}{n}\sum_{i=1}^{n} X_i^2\right) = \frac{1}{n^2} \cdot n \cdot \{E(X_i^4) - [E(X_i^2)]^2\} = \frac{1}{n}(\mu_4 - \mu_2^2),$$

故

$$P\left\{\left|\frac{1}{n}\sum_{i=1}^{n} X_i^2 - \mu_2\right| \geq \varepsilon\right\} \leq \frac{D\left(\dfrac{1}{n}\sum_{i=1}^{n} X_i^2\right)}{\varepsilon^2} = \frac{\mu_4 - \mu_2^2}{n\varepsilon^2}.$$

故选（A）.

第7讲 大数定律与中心极限定理

三向解题法

```
                   大数定律与中心极限定理
                      (O(盯住目标))
    ┌─────────────────────┼─────────────────────┐
1.判别或证明依概率收敛    2.用大数定律计算收敛值    3.用中心极限定理求概率
  (O₁(盯住目标1))          (O₂(盯住目标2))          (O₃(盯住目标3))
```

1. 判别或证明依概率收敛 (O_1(盯住目标1))

$$\lim_{n\to\infty} P\{|X_n - X| \geq \varepsilon\} = 0,$$
$$\lim_{n\to\infty} P\{|X_n - X| < \varepsilon\} = 1$$

2. 用大数定律计算收敛值 (O_2(盯住目标2))

- 切比雪夫大数定律 (D_1(常规操作))

$$\frac{1}{n}\sum_{i=1}^{n} X_i \xrightarrow{P} \frac{1}{n}\sum_{i=1}^{n} EX_i$$

- 伯努利大数定律 (D_1(常规操作))

$$\lim_{n\to\infty} P\left\{\left|\frac{\mu_n}{n} - p\right| < \varepsilon\right\} = 1$$

- 辛钦大数定律 (D_1(常规操作))

$$\lim_{n\to\infty} P\left\{\left|\frac{1}{n}\sum_{i=1}^{n} X_i - \mu\right| < \varepsilon\right\} = 1$$

- 考结论 (D_1(常规操作))

$$\frac{1}{n}\sum_{i=1}^{n} X_i \xrightarrow{P} E\left(\frac{1}{n}\sum_{i=1}^{n} X_i\right)$$

经验分布函数（仅数学三）

$$F_n(x) = \frac{x_1, x_2, \cdots, x_n \text{中小于等于} x \text{的样本值个数}}{n}$$

$$= \begin{cases} 0, & x < x_{(1)}, \\ \dfrac{k}{n}, & x_{(k)} \leq x < x_{(k+1)} (k=1,2,\cdots,n-1), \\ 1, & x \geq x_{(n)} \end{cases}$$

3. 用中心极限定理求概率 (O_3(盯住目标 3))

列维–林德伯格定理(D_1(常规操作))

$$\lim_{n\to\infty} P\left\{\frac{\sum_{i=1}^{n} X_i - n\mu}{\sqrt{n}\sigma} \leq x\right\} = \frac{1}{\sqrt{2\pi}} \int_{-\infty}^{x} e^{-\frac{1}{2}t^2} dt = \Phi(x)$$

棣莫弗–拉普拉斯定理(D_1(常规操作))

$$\lim_{n\to\infty} P\left\{\frac{Y_n - np}{\sqrt{np(1-p)}} \leq x\right\} = \frac{1}{\sqrt{2\pi}} \int_{-\infty}^{x} e^{-\frac{t^2}{2}} dt = \Phi(x)$$

考结论(D_1(常规操作))

$$\lim_{n\to\infty} P\left\{\frac{\sum_{i=1}^{n} X_i - n\mu}{\sqrt{n}\sigma} \leq x\right\} = \Phi(x)$$

一、判别或证明依概率收敛 (O_1(盯住目标 1))

设随机变量 X 与随机变量序列 $\{X_n\}$ ($n=1,2,3,\cdots$),如果对任意的 $\varepsilon > 0$,有

$$\lim_{n\to\infty} P\{|X_n - X| \geq \varepsilon\} = 0 \text{ 或 } \lim_{n\to\infty} P\{|X_n - X| < \varepsilon\} = 1,$$

则称随机变量序列 $\{X_n\}$ **依概率收敛于随机变量** X,记为 $\lim_{n\to\infty} X_n = X(P)$ 或 $X_n \xrightarrow{P} X(n \to \infty)$.

【注】(1)以上定义中将随机变量 X 写成数 a 也成立.
(2)设 $X_n \xrightarrow{P} X$,$Y_n \xrightarrow{P} Y$,$g(x,y)$ 是二元连续函数,则 $g(X_n,Y_n) \xrightarrow{P} g(X,Y)$. 一般地,对 m 元连续函数 $g(x_1,x_2,\cdots,x_m)$,上述结论亦成立.
(3)(**仅数学一**)在讨论未知参数估计量是否具有一致性(相合性)时,常常要用到依概率收敛这一性质和大数定律.

例 7.1 设 $\{X_n\}$ 是一随机变量序列,$X_n(n=1,2,\cdots)$ 的概率密度为 $f_n(x) = \dfrac{n}{\pi(1+n^2x^2)}$,$-\infty < x < +\infty$,

证明:$X_n \xrightarrow{P} 0 (n \to \infty)$.

【证】对任意给定的 $\varepsilon > 0$,由于

$$P\{|X_n - 0| < \varepsilon\} = \int_{-\varepsilon}^{\varepsilon} \frac{n}{\pi(1+n^2x^2)} dx = \frac{2}{\pi} \arctan(n\varepsilon),$$

故 $\lim_{n\to\infty} P\{|X_n| < \varepsilon\} = \lim_{n\to\infty} \dfrac{2}{\pi} \arctan(n\varepsilon) = 1$,所以 $X_n \xrightarrow{P} 0 (n \to \infty)$.

二、用大数定律计算收敛值 (O_2(盯住目标 2))

1. 切比雪夫大数定律 (D_1(常规操作))

切比雪夫大数定律要求:
① 相互独立(可放宽到两两不相关);
② 方差存在且一致有上界.

假设 $\{X_n\}$ ($n=1,2,\cdots$) 是相互独立的随机变量序列,如果方差 DX_i ($i \geq 1$) 存在且一致有上界,即存在常

数 C，使 $DX_i \leq C$ 对一切 $i \geq 1$ 均成立，则 $\{X_n\}$ 服从大数定律：$\dfrac{1}{n}\sum\limits_{i=1}^{n}X_i \xrightarrow{P} \dfrac{1}{n}\sum\limits_{i=1}^{n}EX_i$．

2. 伯努利大数定律 (D_1(常规操作))

假设 μ_n 是 n 重伯努利试验中事件 A 发生的次数，在每次试验中事件 A 发生的概率为 $p(0<p<1)$，则 $\dfrac{\mu_n}{n} \xrightarrow{P} p$，即对任意 $\varepsilon>0$，有 $\lim\limits_{n\to\infty}P\left\{\left|\dfrac{\mu_n}{n}-p\right|<\varepsilon\right\}=1$．

【注】（仅数学三）在数理统计中，若 $(x_1,x_2,\cdots,x_n)$ 为总体样本 $(X_1,X_2,\cdots,X_n)$ 的一个观测值，按大小顺序排列为 $x_{(1)}\leq x_{(2)}\leq\cdots\leq x_{(n)}$，则对任意实数 x，称函数

$$F_n(x)=\dfrac{x_1,x_2,\cdots,x_n\text{中小于等于}x\text{的样本值个数}}{n}\overset{\text{记}}{=}\dfrac{V_n(x)}{n}=\begin{cases}0, & x<x_{(1)},\\ \dfrac{k}{n}, & x_{(k)}\leq x<x_{(k+1)}(k=1,2,\cdots,n-1),\\ 1, & x\geq x_{(n)}\end{cases}$$

为样本 $(X_1,X_2,\cdots,X_n)$ 的**经验分布函数**．事实上，

① $F_n(x)$ 就是事件 $\{X\leq x\}$ 在 n 次试验中出现的频率，而 $P\{X\leq x\}=F(x)$ 是事件 $\{X\leq x\}$ 出现的概率，由伯努利大数定律（即频率收敛于概率）可知，当 n 充分大时，$F_n(x)$ 可作为未知分布函数 $F(x)$ 的一个近似，n 越大，近似效果越好．

注例 设 $(2,1,5,2,1,3,1)$ 是来自总体 X 的简单随机样本值，求总体 X 的经验分布函数 $F_7(x)$．

解 将各观测值按从小到大的顺序排列，得 1，1，1，2，2，3，5，则经验分布函数为

$$F_7(x)=\begin{cases}0, & x<1,\\ \dfrac{3}{7}, & 1\leq x<2,\\ \dfrac{5}{7}, & 2\leq x<3,\\ \dfrac{6}{7}, & 3\leq x<5,\\ 1, & x\geq 5.\end{cases}$$

② $E[F_n(x)]=F(x)$，$D[F_n(x)]=\dfrac{F(x)[1-F(x)]}{n}$．

由于 $V_n(x)$ 为 n 重伯努利试验中 $\{X\leq x\}$ 出现的次数，故 $V_n(x)\sim B(n,F(x))$，其中 $F(x)=P\{X\leq x\}$，于是 $E[V_n(x)]=nF(x)$，$E[F_n(x)]=E\left[\dfrac{V_n(x)}{n}\right]=F(x)$，$D[V_n(x)]=nF(x)[1-F(x)]$，$D[F_n(x)]=D\left[\dfrac{V_n(x)}{n}\right]=\dfrac{F(x)[1-F(x)]}{n}$．

---

3. 辛钦大数定律 (D_1(常规操作))　　辛钦大数定律要求：①相互独立；②同分布；③期望存在．

假设 $\{X_n\}(n=1,2,\cdots)$ 是独立同分布的随机变量序列，如果数学期望 $EX_i=\mu(i=1,2,\cdots)$ 存在，则 $\dfrac{1}{n}\sum\limits_{i=1}^{n}X_i \xrightarrow{P} \mu$，即对任意 $\varepsilon>0$，有 $\lim\limits_{n\to\infty}P\left\{\left|\dfrac{1}{n}\sum\limits_{i=1}^{n}X_i-\mu\right|<\varepsilon\right\}=1$．

4. 考结论 (D₁(常规操作))

在满足一定条件时，大数定律都在讲同一个结论，即

$$\frac{1}{n}\sum_{i=1}^{n}X_i \xrightarrow{P} E\left(\frac{1}{n}\sum_{i=1}^{n}X_i\right).$$

例 7.2 设随机变量序列 $X_1,X_2,\cdots,X_n,\cdots$ 独立同分布，且 X_1 的概率密度为 $f(x)=\begin{cases}1-|x|, & |x|<1,\\ 0, & \text{其他},\end{cases}$

则当 $n\to\infty$ 时，$\dfrac{1}{n}\sum_{i=1}^{n}X_i^2$ 依概率收敛于（ ）．

(A) $\dfrac{1}{8}$ (B) $\dfrac{1}{6}$ (C) $\dfrac{1}{3}$ (D) $\dfrac{1}{2}$

【解】应选（B）．

$$E(X^2)=\int_{-1}^{1}x^2\cdot(1-|x|)\mathrm{d}x=2\int_0^1 x^2\mathrm{d}x-2\int_0^1 x^3\mathrm{d}x=\frac{2}{3}-\frac{1}{2}=\frac{1}{6},$$

则当 $n\to\infty$ 时，$\dfrac{1}{n}\sum_{i=1}^{n}X_i^2$ 依概率收敛于 $E\left(\dfrac{1}{n}\sum_{i=1}^{n}X_i^2\right)=\dfrac{1}{n}\cdot n\cdot\dfrac{1}{6}=\dfrac{1}{6}$，故选（B）．

三、用中心极限定理求概率 (O₃(盯住目标 3))

1. 列维–林德伯格定理 (D₁(常规操作))

假设 $\{X_n\}(n=1,2,\cdots)$ 是独立同分布的随机变量序列，如果 $EX_i=\mu$，$DX_i=\sigma^2>0(i=1,2,\cdots)$ 存在，则对任意的实数 x，有

$$\lim_{n\to\infty}P\left\{\frac{\sum_{i=1}^{n}X_i-n\mu}{\sqrt{n}\sigma}\leqslant x\right\}=\frac{1}{\sqrt{2\pi}}\int_{-\infty}^{x}\mathrm{e}^{-\frac{1}{2}t^2}\mathrm{d}t=\varPhi(x).$$

【注】（1）满足定理的三个条件"独立、同分布、期望与方差存在"，缺一不可．

（2）只要 $\{X_n\}$ 满足定理条件，那么当 n 很大时，独立同分布随机变量的和 $\sum_{i=1}^{n}X_i$ 近似服从正态分布 $N(n\mu,n\sigma^2)$，由此可知，当 n 很大时，有

$$P\left\{a<\sum_{i=1}^{n}X_i<b\right\}\approx\varPhi\left(\frac{b-n\mu}{\sqrt{n}\sigma}\right)-\varPhi\left(\frac{a-n\mu}{\sqrt{n}\sigma}\right).$$

这常常是解题的依据．只要题目涉及独立同分布随机变量的和 $\sum_{i=1}^{n}X_i$，我们就要考虑独立同分布的中心极限定理．

2. 棣莫弗–拉普拉斯定理 (D₁(常规操作))

假设随机变量 $Y_n\sim B(n,p)(0<p<1,n\geqslant 1)$，则对任意实数 x，有

$$\lim_{n\to\infty}P\left\{\frac{Y_n-np}{\sqrt{np(1-p)}}\leqslant x\right\}=\frac{1}{\sqrt{2\pi}}\int_{-\infty}^{x}\mathrm{e}^{-\frac{t^2}{2}}\mathrm{d}t=\varPhi(x).$$

【注】（1）如果记 $X_i \sim B(1,p)(0<p<1)$，即 $X_i \sim \begin{pmatrix} 1 & 0 \\ p & 1-p \end{pmatrix}$ 且相互独立，则

$$Y_n = \sum_{i=1}^{n} X_i \sim B(n,p),$$

由列维－林德伯格定理推出棣莫弗－拉普拉斯定理.

（2）二项分布概率计算的三种方法.

设 $X \sim B(n,p)$.

① 当 n 不太大时（$n \leq 10$），直接计算

$$P\{X=k\} = C_n^k p^k (1-p)^{n-k}, \quad k=0,1,\cdots,n;$$

② 当 n 较大且 p 较小时（$n>10, p<0.1$），$\lambda = np$ 适中，根据泊松定理有近似公式

$$P\{X=k\} = C_n^k p^k (1-p)^{n-k} \approx \frac{\lambda^k}{k!} e^{-\lambda}, \quad k=0,1,\cdots,n;$$

③ 当 n 较大而 p 不太大时（$0.1 < p < 0.9, np \geq 10$），根据中心极限定理，有近似公式

$$P\{a < X < b\} \approx \Phi\left(\frac{b-np}{\sqrt{np(1-p)}}\right) - \Phi\left(\frac{a-np}{\sqrt{np(1-p)}}\right).$$

形式化归体系块

3. 考结论 (D_1(常规操作))

设 X_i 独立同分布于某一分布，期望、方差均存在，则当 $n \to \infty$ 时，$\sum_{i=1}^{n} X_i$ 服从正态分布，即对任意的 $X_i \overset{\text{iid}}{\sim} F(\mu, \sigma^2)$，$\mu = EX_i$，$\sigma^2 = DX_i$，都有在 $n \to \infty$ 时，$\sum_{i=1}^{n} X_i \sim N(n\mu, n\sigma^2)$，$\dfrac{\sum_{i=1}^{n} X_i - n\mu}{\sqrt{n}\sigma} \sim N(0,1)$，即

$$\lim_{n \to \infty} P\left\{ \frac{\sum_{i=1}^{n} X_i - n\mu}{\sqrt{n}\sigma} \leq x \right\} = \Phi(x).$$

例 7.3 设 $X_1, X_2, \cdots, X_{100}$ 为来自总体 X 的简单随机样本，其中 $P\{X=0\} = P\{X=1\} = \dfrac{1}{2}$，$\Phi(x)$ 表示标准正态分布函数，则利用中心极限定理可得 $P\left\{\sum_{i=1}^{100} X_i \leq 55\right\}$ 的近似值为（　　）.

（A）$1 - \Phi(1)$　　　　（B）$\Phi(1)$　　　　（C）$1 - \Phi(0.2)$　　　　（D）$\Phi(0.2)$

【解】应选（B）.

由题设，$EX = \dfrac{1}{2}, DX = \dfrac{1}{4}$，且 $X_1, X_2, \cdots, X_{100}$ 独立同分布，则

$$E\left(\sum_{i=1}^{100} X_i\right) = \sum_{i=1}^{100} EX_i = 100 \times \frac{1}{2} = 50;$$

$$D\left(\sum_{i=1}^{100} X_i\right) = \sum_{i=1}^{100} DX_i = 100 \times \frac{1}{4} = 25.$$

由独立同分布的中心极限定理可知 $\sum_{i=1}^{100} X_i$ 近似服从正态分布 $N(50,25)$，故

$$P\left\{\sum_{i=1}^{100} X_i \leqslant 55\right\} = P\left\{\frac{\sum_{i=1}^{100} X_i - 50}{5} \leqslant \frac{55-50}{5}\right\} = P\left\{\frac{\sum_{i=1}^{100} X_i - 50}{5} \leqslant 1\right\} \approx \Phi(1).$$

第8讲 统计量及其分布

三向解题法

```
           统计量及其分布
           (O(盯住目标))
        ┌──────┼──────┐
   统计量及其     判别统计量     用正态总体下的常用
   数字特征       的分布        结论判别分布、计算概率
   (O₁(盯住目标1)) (O₂(盯住目标2))  (O₃(盯住目标3))
```

一、统计量及其数字特征 (O₁(盯住目标1))

设 $X_1, X_2, \cdots, X_n$ 是来自总体 X 的简单随机样本，则

① 样本均值 $\bar{X} = \dfrac{1}{n}\sum\limits_{i=1}^{n} X_i$.

② 样本方差 $S^2 = \dfrac{1}{n-1}\sum\limits_{i=1}^{n}(X_i - \bar{X})^2 = \dfrac{1}{n-1}\left(\sum\limits_{i=1}^{n} X_i^2 - n\bar{X}^2\right)$.

样本标准差 $S = \sqrt{\dfrac{1}{n-1}\sum\limits_{i=1}^{n}(X_i - \bar{X})^2}$.

③ 样本 k 阶原点矩 $A_k = \dfrac{1}{n}\sum\limits_{i=1}^{n} X_i^k \; (k=1,2,\cdots)$.

④ 样本 k 阶中心矩 $B_k = \dfrac{1}{n}\sum\limits_{i=1}^{n}(X_i - \bar{X})^k \; (k=2,3,\cdots)$.

⑤ 顺序统计量 将样本 $X_1, X_2, \cdots, X_n$ 的 n 个观测量按其取值从小到大的顺序排列，得

$$X_{(1)} \leq X_{(2)} \leq \cdots \leq X_{(n)}.$$

随机变量 $X_{(k)}(k=1,2,\cdots,n)$ 称作**第 k 顺序统计量**，其中 $X_{(1)}$ 是最小观测量，$X_{(n)}$ 是最大观测量，即

$$X_{(1)} = \min\{X_1, X_2, \cdots, X_n\}, \quad X_{(n)} = \max\{X_1, X_2, \cdots, X_n\}.$$

形式化归体系块

【注】常用的统计量的数字特征.

设总体 X（不论 X 服从何种分布）的期望 $EX=\mu$，方差 $DX=\sigma^2$，$X_1,X_2,\cdots,X_n$ 为来自总体 X 的一个简单随机样本，记样本均值 $\bar{X}=\dfrac{1}{n}\sum_{i=1}^{n}X_i$，样本方差 $S^2=\dfrac{1}{n-1}\sum_{i=1}^{n}(X_i-\bar{X})^2$，则

$$E\bar{X}=EX=\mu;\quad D\bar{X}=\dfrac{1}{n}DX=\dfrac{\sigma^2}{n};\quad E(S^2)=DX=\sigma^2.$$

例 8.1 设随机变量 X 的概率密度为 $f(x)=\begin{cases}6x(1-x),&0<x<1,\\0,&\text{其他},\end{cases}$ 则 X 的三阶中心矩 $E[(X-EX)^3]=$ (　　).

(A) $-\dfrac{1}{32}$ 　　(B) 0 　　(C) $\dfrac{1}{16}$ 　　(D) $\dfrac{1}{2}$

【解】应选（B）.

$$EX=\int_0^1 6x^2(1-x)\mathrm{d}x=6\times\left(\dfrac{1}{3}-\dfrac{1}{4}\right)=6\times\dfrac{1}{12}=\dfrac{1}{2},\text{ 则}$$

$$E[(X-EX)^3]=E\left[\left(X-\dfrac{1}{2}\right)^3\right]=\int_0^1 6x(1-x)\left(x-\dfrac{1}{2}\right)^3\mathrm{d}x$$

$$\xrightarrow{\diamondsuit x-\frac{1}{2}=t}\int_{-\frac{1}{2}}^{\frac{1}{2}}6\left(t+\dfrac{1}{2}\right)\cdot\left(\dfrac{1}{2}-t\right)\cdot t^3\mathrm{d}t=0.$$

例 8.2 设 $X_1,X_2,\cdots,X_n(n>2)$ 为独立同分布的随机变量，且均服从正态分布 $N(0,1)$，记 $\bar{X}=\dfrac{1}{n}\sum_{i=1}^{n}X_i,Y_i=X_i-\bar{X},i=1,2,\cdots,n$，则 Y_1 与 Y_n 的协方差 $\mathrm{Cov}(Y_1,Y_n)=$ _____.

【解】应填 $-\dfrac{1}{n}$.

$$DY_i=D(X_i-\bar{X})$$
$$=DX_i+D\bar{X}-2\mathrm{Cov}\left(X_i,\dfrac{1}{n}(X_1+X_2+\cdots+X_n)\right)$$

$= \dfrac{1}{n}[\mathrm{Cov}(X_i,X_1)+\mathrm{Cov}(X_i,X_2)+\cdots+\mathrm{Cov}(X_i,X_n)]$
$= \dfrac{1}{n}\mathrm{Cov}(X_i,X_i)=\dfrac{1}{n}$

$$=1+\dfrac{1}{n}-2\cdot\dfrac{1}{n}$$
$$=1-\dfrac{1}{n}.$$

故 $\mathrm{Cov}(Y_1,Y_n)=\mathrm{Cov}(X_1-\bar{X},X_n-\bar{X})=\mathrm{Cov}(X_1,X_n-\bar{X})-\mathrm{Cov}(\bar{X},X_n-\bar{X})$

$$=\mathrm{Cov}(X_1,X_n)-\mathrm{Cov}(X_1,\bar{X})-\mathrm{Cov}(\bar{X},X_n)+\mathrm{Cov}(\bar{X},\bar{X}),$$

其中，$\mathrm{Cov}(X_1,X_n)=0$，

$$\mathrm{Cov}(X_i,\bar{X})=\mathrm{Cov}\left(X_i,\dfrac{X_i}{n}\right)+\mathrm{Cov}\left(X_i,\dfrac{1}{n}\sum_{\substack{j=1\\j\neq i}}^{n}X_j\right)$$

$$=\dfrac{1}{n}DX_i=\dfrac{1}{n},\quad i=1,2,\cdots,n,$$

$$\mathrm{Cov}(\bar{X},\bar{X})=D\bar{X}=\dfrac{1}{n}.$$

故 $\mathrm{Cov}(Y_1, Y_n) = 0 - \dfrac{1}{n} - \dfrac{1}{n} + \dfrac{1}{n} = -\dfrac{1}{n}$.

二、判别统计量的分布 (O$_2$(盯住目标 2))

定义：统计量的分布称为**抽样分布**.

1. 正态分布

（1）概念.

如果 X 的概率密度为

$$f(x) = \dfrac{1}{\sqrt{2\pi}\sigma}\mathrm{e}^{-\frac{1}{2}\left(\frac{x-\mu}{\sigma}\right)^2}\quad(-\infty < x < +\infty),$$

其中 $-\infty < \mu < +\infty$，$\sigma > 0$，则称 X 服从参数为 (μ, σ^2) 的**正态分布**或称 X 为**正态变量**，记为 $X \sim N(\mu, \sigma^2)$.

（2）上 α 分位数.

若 $X \sim N(0,1)$，$P\{X > \mu_\alpha\} = \alpha(0 < \alpha < 1)$，则称 μ_α 为标准正态分布的上 α 分位数（见图）.

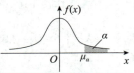

【注】某分布上 α 分位数（亦称上 α 分位点）为 μ_α 意指：点 μ_α 上侧（即右侧），该概率密度曲线下方，x 轴上方的图形的面积为 α.

（3）性质.

$f(x)$ 的图形关于直线 $x = \mu$ 对称，即 $f(\mu - x) = f(\mu + x)$，并在 $x = \mu$ 处有唯一最大值

$$f(\mu) = \dfrac{1}{\sqrt{2\pi}\sigma}.$$

通常称 $\mu = 0$，$\sigma = 1$ 时的正态分布 $N(0,1)$ 为**标准正态分布**，记标准正态分布的概率密度为

$\varphi(x) = \dfrac{1}{\sqrt{2\pi}}\mathrm{e}^{-\frac{1}{2}x^2}$，分布函数为 $\varPhi(x) = \dfrac{1}{\sqrt{2\pi}}\displaystyle\int_{-\infty}^{x}\mathrm{e}^{-\frac{t^2}{2}}\mathrm{d}t$. 显然 $\varphi(x)$ 为偶函数，且有

$$\varPhi(0) = \dfrac{1}{2},\ \varPhi(-x) = 1 - \varPhi(x).$$

2. χ^2 分布

（1）概念.

若随机变量 $X_1, X_2, \cdots, X_n$ 相互独立，且都服从标准正态分布，则随机变量 $X = \displaystyle\sum_{i=1}^{n} X_i^2$ 服从自由度为 n 的 χ^2 分布，记为 $X \sim \chi^2(n)$. ← 和式中独立随机变量的个数为自由度

（2）上 α 分位数.

对给定的 $\alpha(0 < \alpha < 1)$，称满足

$$P\{\chi^2 > \chi_\alpha^2(n)\} = \int_{\chi_\alpha^2(n)}^{+\infty} f(x)\mathrm{d}x = \alpha$$

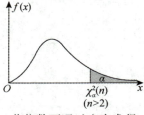

的 $\chi_\alpha^2(n)$ 为 $\chi^2(n)$ 分布的上 α 分位数（见图）. 对于不同的 α，n，$\chi^2(n)$ 分布上 α 分位数可通过查表求得.

（3）性质.

①若 $X_1 \sim \chi^2(n_1)$，$X_2 \sim \chi^2(n_2)$，X_1 与 X_2 相互独立，则
$$X_1 + X_2 \sim \chi^2(n_1 + n_2).$$
此结论可推广至有限多个随机变量的和.

> **【注】** 常见分布的可加性.
> 有些相互独立且服从同类型分布的随机变量，其和的分布也是同类型的，它们分别是二项分布、泊松分布、正态分布与 χ^2 分布.
> 设随机变量 X 与 Y 相互独立，则
> 若 $X \sim B(n,p)$，$Y \sim B(m,p)$，则 $X+Y \sim B(n+m,p)$（注意仅 p 相同时成立）；
> 若 $X \sim P(\lambda_1)$，$Y \sim P(\lambda_2)$，则 $X+Y \sim P(\lambda_1 + \lambda_2)$；
> 若 $X \sim N(\mu_1, \sigma_1^2)$，$Y \sim N(\mu_2, \sigma_2^2)$，则 $X+Y \sim N(\mu_1+\mu_2, \sigma_1^2+\sigma_2^2)$；
> 若 $X \sim \chi^2(n)$，$Y \sim \chi^2(m)$，则 $X+Y \sim \chi^2(n+m)$.
> 上述结果对 n 个相互独立的随机变量也成立.

②若 $X \sim \chi^2(n)$，则 $EX = n$，$DX = 2n$.

例 8.3 设 X_1, X_2 是来自总体 X 的简单随机样本，且 X 的分布函数为 $F(x) = \int_{-\infty}^{x} \frac{1}{2} e^{-|t|} dt$，$-\infty < x < +\infty$，则 $\left|\dfrac{X_1}{X_2}\right|$ 服从（　　）.

（A）$F(1,2)$　　　　（B）$F(2,1)$　　　　（C）$F(2,2)$　　　　（D）$F(0,2)$

【解】 应选（C）.

由题设知，X 的概率密度为 $f(x) = \dfrac{1}{2} e^{-|x|}$，$-\infty < x < +\infty$，令 $Y = 2|X|$，则 Y 的分布函数为
$$F_Y(y) = P\{Y \leq y\} = P\{2|X| \leq y\}.$$

当 $y < 0$ 时，$F_Y(y) = 0$；

当 $y \geq 0$ 时，
$$F_Y(y) = P\{2|X| \leq y\} = P\left\{|X| \leq \frac{y}{2}\right\}$$
$$= P\left\{-\frac{y}{2} \leq X \leq \frac{y}{2}\right\} = \int_{-\frac{y}{2}}^{\frac{y}{2}} \frac{1}{2} e^{-|x|} dx = \int_0^{\frac{y}{2}} e^{-x} dx = 1 - e^{-\frac{y}{2}}.$$

于是 Y 的分布函数为 $F_Y(y) = \begin{cases} 1 - e^{-\frac{y}{2}}, & y \geq 0, \\ 0, & \text{其他}, \end{cases}$ Y 的概率密度为 $f_Y(y) = \begin{cases} \dfrac{1}{2} e^{-\frac{y}{2}}, & y > 0, \\ 0, & \text{其他}. \end{cases}$

故 $2|X| \sim E\left(\dfrac{1}{2}\right)$，即 $2|X_i| \sim E\left(\dfrac{1}{2}\right)$，所以 $2|X_i| \sim \chi^2(2)$，又由于 $|X_1|$ 与 $|X_2|$ 是相互独立的，因此
（见第 2 讲"二、2.（2）注中（5）"）
$$\left|\frac{X_1}{X_2}\right| = \frac{2|X_1|/2}{2|X_2|/2} \sim F(2,2). \text{故选（C）.}$$

3. t 分布

（1）概念.

设随机变量 $X \sim N(0,1)$，$Y \sim \chi^2(n)$，X 与 Y 相互独立，则随机变量 $t = \dfrac{X}{\sqrt{Y/n}}$ 服从自由度为 n 的 t 分布，记为 $t \sim t(n)$.

（2）上 α 分位数.

对给定的 $\alpha(0<\alpha<1)$，称满足

$$P\{t > t_\alpha(n)\} = \alpha$$

的 $t_\alpha(n)$ 为 $t(n)$ 分布的上 α 分位数 [见图（a）].

（3）性质.

① t 分布概率密度 $f(x)$ 的图形关于 $x=0$ 对称 [见图（b）]，因此

$$Et = 0\,(n \geqslant 2).$$

> 【注】当 $n=1$ 时，即若 $X \sim N(0,1)$，$Y \sim \chi^2(1)$，则 $\dfrac{X}{\sqrt{Y}} \sim f(x) = \dfrac{1}{\pi(1+x^2)}$.

② 由 t 分布概率密度 $f(x)$ 图形的对称性，知 $P\{t > -t_\alpha(n)\} = P\{t > t_{1-\alpha}(n)\}$，故 $t_{1-\alpha}(n) = -t_\alpha(n)$.
当 α 值在表中没有时，可用此式求得上 α 分位数.

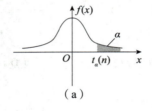

（a）

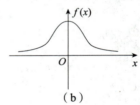

（b）

4. F 分布

（1）概念.

设随机变量 $X \sim \chi^2(n_1)$，$Y \sim \chi^2(n_2)$，且 X 与 Y 相互独立，则 $F = \dfrac{X/n_1}{Y/n_2}$ 服从自由度为 (n_1, n_2) 的 F 分布，记为 $F \sim F(n_1, n_2)$，其中 n_1 称为第一自由度，n_2 称为第二自由度. F 分布的概率密度 $f(x)$ 的图形如图所示.

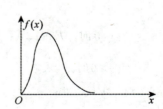

（2）上 α 分位数.

对给定的 $\alpha(0<\alpha<1)$，称满足

$$P\{F > F_\alpha(n_1, n_2)\} = \alpha$$

的 $F_\alpha(n_1, n_2)$ 为 $F(n_1, n_2)$ 分布的上 α 分位数（见图）.

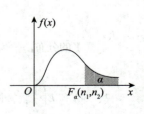

（3）性质.

① 若 $F \sim F(n_1, n_2)$，则 $\dfrac{1}{F} \sim F(n_2, n_1)$.

② $F_{1-\alpha}(n_1,n_2) = \dfrac{1}{F_\alpha(n_2,n_1)}$. 常用来求 F 分布表中未列出的上 α 分位数，显然，有些特殊值可直接得出，如 $1-\alpha=\alpha$，$n_1=n_2=n$ 时，有 $F_{0.5}(n,n)=\dfrac{1}{F_{0.5}(n,n)}$，且 $F_{0.5}(n,n)>0$，故 $F_{0.5}(n,n)=1$。

③ 若 $t\sim t(n)$，则 $t^2\sim F(1,n)$。

证明：设 $F\sim F(n_2,n_1)$，则
$P\{F>F_\alpha(n_2,n_1)\}=\alpha$，
$P\{F\leq F_\alpha(n_2,n_1)\}=1-\alpha$，
$P\left\{\dfrac{1}{F}\geq\dfrac{1}{F_\alpha(n_2,n_1)}\right\}=1-\alpha$。
因为 $\dfrac{1}{F}\sim F(n_1,n_2)$，结合上 α 分位数的定义，可知 $\dfrac{1}{F_\alpha(n_2,n_1)}=F_{1-\alpha}(n_1,n_2)$。

例 8.4 设随机变量 $X\sim t(n)$，$Y\sim F(1,n)$，给定 $\alpha(0<\alpha<0.5)$，常数 c 满足 $P\{X>c\}=\alpha$，则 $P\{Y>c^2\} = (\quad)$。

（A）α （B）$1-\alpha$ （C）2α （D）$1-2\alpha$

【解】应选（C）。

由 $X\sim t(n)$，可得 $X^2\sim F(1,n)$，从而 $P\{Y>c^2\}=P\{X^2>c^2\}=P\{X>c\}+P\{X<-c\}=2\alpha$，故正确选项为（C）。

D₄₄（善于发现对称）

【注】（1）此题只能有概率 $P\{Y>c^2\}$ 与 $P\{X^2>c^2\}$ 相等，而不能说 $Y=X^2$，因为服从相同分布的随机变量并不一定相同。

（2）若随机变量 $X\sim t(1)$，则 $X^2\sim F(1,1)$，还可求
$P\{|X|\leq 1\} = P\{X^2\leq 1\}=1-P\{X^2>1\}=1-P\{X^2>F_{0.5}(1,1)\}=1-0.5=0.5$。

三、用正态总体下的常用结论判别分布、计算概率
(O₃(盯住目标3))

设 $X_1,X_2,\cdots,X_n$ 是取自正态总体 $N(\mu,\sigma^2)$ 的一个样本，$\overline{X}$，S^2 分别是样本均值和样本方差，则

形式化归体系块 {

① $\overline{X}\sim N\left(\mu,\dfrac{\sigma^2}{n}\right)$，即 $\dfrac{\overline{X}-\mu}{\dfrac{\sigma}{\sqrt{n}}}=\dfrac{\sqrt{n}(\overline{X}-\mu)}{\sigma}\sim N(0,1)$；

② $\dfrac{1}{\sigma^2}\sum\limits_{i=1}^{n}(X_i-\mu)^2\sim\chi^2(n)$；

③ $\dfrac{(n-1)S^2}{\sigma^2}=\sum\limits_{i=1}^{n}\left(\dfrac{X_i-\overline{X}}{\sigma}\right)^2\sim\chi^2(n-1)$（$\mu$ 未知，在"②"中用 $\overline{X}$ 替代 μ）；

④ $\overline{X}$ 与 S^2 相互独立，$\dfrac{\sqrt{n}(\overline{X}-\mu)}{S}\sim t(n-1)$（$\sigma$ 未知，在"①"中用 S 替代 σ）。进一步有
$$\dfrac{n(\overline{X}-\mu)^2}{S^2}\sim F(1,n-1)。$$

若 $t\sim t(n-1)$，则 $t^2\sim F(1,n-1)$

例 8.5 设总体 X 和 Y 相互独立，且都服从正态分布 $N(0,\sigma^2)$，$X_1,X_2,\cdots,X_n$ 和 $Y_1,Y_2,\cdots,Y_n$ 分别

是来自总体 X 和 Y 且容量都为 n 的两个简单随机样本,样本均值、样本方差分别为 $\bar{X}, S_X^2$ 和 $\bar{Y}, S_Y^2$,则( ).

(A) $\bar{X} - \bar{Y} \sim N(0, \sigma^2)$ 　　　　　(B) $S_X^2 + S_Y^2 \sim \chi^2(2n-2)$

(C) $\dfrac{\bar{X} - \bar{Y}}{\sqrt{S_X^2 + S_Y^2}} \sim t(2n-2)$ 　　　　(D) $\dfrac{S_X^2}{S_Y^2} \sim F(n-1, n-1)$

【解】应选(D).

由题设知 $\bar{X}, \bar{Y}, S_X^2, S_Y^2$ 相互独立,且

$$\bar{X} \sim N\left(0, \dfrac{\sigma^2}{n}\right), \quad \bar{Y} \sim N\left(0, \dfrac{\sigma^2}{n}\right),$$

$$\dfrac{(n-1)S_X^2}{\sigma^2} \sim \chi^2(n-1), \quad \dfrac{(n-1)S_Y^2}{\sigma^2} \sim \chi^2(n-1),$$

由此可知 $\bar{X} - \bar{Y} \sim N\left(0, \dfrac{2\sigma^2}{n}\right)$,选项(A)不正确.

$$\dfrac{n-1}{\sigma^2}(S_X^2 + S_Y^2) \sim \chi^2(2n-2),$$

选项(B)不正确.

$$\dfrac{\sqrt{n}(\bar{X} - \bar{Y})/\sqrt{2}\sigma}{\sqrt{\dfrac{n-1}{\sigma^2}(S_X^2 + S_Y^2)/2(n-1)}} = \dfrac{\sqrt{n}(\bar{X} - \bar{Y})}{\sqrt{S_X^2 + S_Y^2}} \sim t(2n-2),$$

选项(C)不正确.

$$\dfrac{\dfrac{(n-1)S_X^2}{\sigma^2}/(n-1)}{\dfrac{(n-1)S_Y^2}{\sigma^2}/(n-1)} = \dfrac{S_X^2}{S_Y^2} \sim F(n-1, n-1),$$

选择(D).

【注】事实上,可以继续求相关的数字特征.

由选项(D)可知,$\dfrac{S_X^2}{S_Y^2} \sim F(n-1, n-1)$,则

$$P\left\{\dfrac{S_X^2}{S_Y^2} \leq 1\right\} = 1 - P\left\{\dfrac{S_X^2}{S_Y^2} > 1\right\} = 1 - P\left\{\dfrac{S_X^2}{S_Y^2} > F_{0.5}(n-1, n-1)\right\} = 1 - 0.5 = 0.5.$$

第9讲 参数估计与假设检验

三向解题法

- 参数估计与假设检验 (O(盯住目标))
  - 1. 求点估计、作评价（仅数学一）(O₁(盯住目标1)) 求点估计、求数字特征（仅数学三）(O₁(盯住目标1))
  - 2. 作区间估计 (O₂(盯住目标2))、假设检验 (O₃(盯住目标3))、求两类错误 (O₄(盯住目标4))（仅数学一）

1. 求点估计、作评价（仅数学一）(O₁(盯住目标1)) 求点估计、求数字特征（仅数学三）(O₁(盯住目标1))

- 矩估计 (D₁(常规操作))
- 最大似然估计 (D₁(常规操作)+D₂₂(转换等价表述))
- 估计量的评价（仅数学一）(D₁(常规操作)+D₂₃(化归经典形式))
- 估计量的数字特征（仅数学三）(D₁(常规操作))

2. 作区间估计 (O₂(盯住目标2))、假设检验 (O₃(盯住目标3))、求两类错误 (O₄(盯住目标4))（仅数学一）

- 区间估计 (D₁(常规操作))
  - 概念
  - 单个正态总体均值和方差的置信区间
- 假设检验 (D₁(常规操作))
  - 概念
  - 小概率原理与显著性水平
  - 原假设与备择假设
  - 正态总体下的六大检验及拒绝域
- 两类错误 (D₁(常规操作))
  - 第一类错误（"弃真"）
  - 第二类错误（"取伪"）

一、求点估计、作评价（仅数学一）（O_1(盯住目标1)）
求点估计、求数字特征（仅数学三）（O_1(盯住目标1)）

1. 矩估计 (D_1(常规操作))

①对于一个参数 $\begin{cases} \text{a. 用一阶矩建立方程：令 } \bar{X} = EX; \\ \text{b. 若 "a." 不能用，用二阶矩建立方程：令 } \dfrac{1}{n}\sum_{i=1}^{n}X_i^2 = E(X^2). \end{cases}$ (D_1(常规操作))

一个方程解出一个参数即可作为矩估计.

②对于两个参数，用一阶矩与二阶矩建立两个方程，即 $\bar{X} = EX$ 与 $\dfrac{1}{n}\sum_{i=1}^{n}X_i^2 = E(X^2)$ (D_1(常规操作))，两个方程解出两个参数即可作为矩估计.

例 9.1 设总体 X 的概率密度为 $f(x) = \dfrac{1}{2\theta}\mathrm{e}^{-\frac{|x|}{\theta}}$，$-\infty < x < +\infty$，$\theta > 0$. $X_1, X_2, \cdots, X_n$ 是取自总体 X 的样本，则未知参数 θ 的矩估计量为_____.

【解】应填 $\sqrt{\dfrac{1}{2n}\sum_{i=1}^{n}X_i^2}$.

总体只含有一个参数 θ，但由于一阶矩建立的方程

$$EX = \int_{-\infty}^{+\infty} x \cdot \dfrac{1}{2\theta}\mathrm{e}^{-\frac{|x|}{\theta}}\mathrm{d}x = 0$$

(D_1(常规操作))

无法解出 θ，因此采用总体二阶矩建立方程：

$$E(X^2) = \int_{-\infty}^{+\infty} x^2 \cdot \dfrac{1}{2\theta}\mathrm{e}^{-\frac{|x|}{\theta}}\mathrm{d}x = 2 \cdot \dfrac{1}{2\theta}\int_{0}^{+\infty} x^2 \cdot \mathrm{e}^{-\frac{x}{\theta}}\mathrm{d}x$$

$$= \theta^2 \int_{0}^{+\infty} \dfrac{x^2}{\theta^2}\mathrm{e}^{-\frac{x}{\theta}}\mathrm{d}\left(\dfrac{x}{\theta}\right) \xrightarrow{t=\frac{x}{\theta}} \theta^2 \int_{0}^{+\infty} t^2 \mathrm{e}^{-t}\mathrm{d}t = \theta^2 \Gamma(3) = 2\theta^2,$$

其中 $\Gamma(n+1) = \int_{0}^{+\infty} x^n \mathrm{e}^{-x}\mathrm{d}x = n!$. 用样本二阶原点矩 $A_2 = \dfrac{1}{n}\sum_{i=1}^{n}X_i^2$ 代替总体二阶原点矩 $E(X^2)$ 得到 θ 的矩估计量为

$$\hat{\theta} = \sqrt{\dfrac{1}{2}A_2} = \sqrt{\dfrac{1}{2n}\sum_{i=1}^{n}X_i^2}.$$

例 9.2 设总体 X 服从含有两个参数的指数分布，其概率密度为

$$f(x;\theta,\lambda) = \begin{cases} \dfrac{1}{\lambda}\mathrm{e}^{-\frac{1}{\lambda}(x-\theta)}, & x \geq \theta, \\ 0, & \text{其他} \end{cases} (\lambda > 0),$$

$X_1, X_2, \cdots, X_n$ 是来自总体 X 的一个样本，求未知参数 λ, θ 的矩估计量.

【解】这是求两个未知参数矩估计量的问题. 由于

$$EX = \int_{\theta}^{+\infty} \dfrac{x}{\lambda}\mathrm{e}^{-\frac{1}{\lambda}(x-\theta)}\mathrm{d}x \xrightarrow{\diamondsuit x-\theta=t} \int_{0}^{+\infty} \dfrac{t+\theta}{\lambda}\mathrm{e}^{-\frac{1}{\lambda}t}\mathrm{d}t$$

$$\xrightarrow{\text{因}T\sim E\left(\frac{1}{\lambda}\right)} E(T+\theta)$$
$$= ET + \theta = \lambda + \theta,$$
$$E(X^2) = \int_\theta^{+\infty} \frac{x^2}{\lambda} e^{-\frac{1}{\lambda}(x-\theta)} dx \xrightarrow{\text{令}x-\theta=t} \int_0^{+\infty} \frac{(t+\theta)^2}{\lambda} e^{-\frac{1}{\lambda}t} dt$$
$$\xrightarrow{\text{因}T\sim E\left(\frac{1}{\lambda}\right)} E[(T+\theta)^2]$$
$$= E(T^2) + 2\theta ET + \theta^2$$
$$= 2\lambda^2 + 2\theta\lambda + \theta^2,$$

矩法方程为

$$\begin{cases} EX = \bar{X}, \\ E(X^2) = \frac{1}{n}\sum_{i=1}^n X_i^2, \end{cases} \quad \text{即} \quad \begin{cases} \lambda + \theta = \bar{X}, \\ \lambda^2 + (\lambda+\theta)^2 = \frac{1}{n}\sum_{i=1}^n X_i^2, \end{cases}$$

由此解得 λ，θ 的矩估计量分别为

$$\hat{\lambda} = \sqrt{\frac{1}{n}\sum_{i=1}^n X_i^2 - \bar{X}^2}, \quad \hat{\theta} = \bar{X} - \sqrt{\frac{1}{n}\sum_{i=1}^n X_i^2 - \bar{X}^2},$$

其中 $\bar{X} = \frac{1}{n}\sum_{i=1}^n X_i$.

2. 最大似然估计 (D_1(常规操作)+D_{22}(转换等价表述))

对未知参数 θ 进行估计时，在该参数可能的取值范围 I 内选取，使"样本获此观测值 $x_1, x_2, \cdots, x_n$"的概率最大的参数值 $\hat{\theta}$ 作为 θ 的估计，这样选定的 $\hat{\theta}$ 最有利于 $x_1, x_2, \cdots, x_n$ 的出现，即"参数 θ 为多少时，观测值出现的概率最大"。

①写似然函数 $L(x_1, x_2, \cdots, x_n; \theta) = \begin{cases} \prod_{i=1}^n p(x_i; \theta)（离散型）; \\ \prod_{i=1}^n f(x_i; \theta)（连续型）. \end{cases}$

$\begin{cases} \text{独立：拆} \Rightarrow f = f_1 f_2 \cdots f_n; \ p = p_1 p_2 \cdots p_n, \\ \text{同分布：去下标} \Rightarrow f = \prod_{i=1}^n f(x_i;\theta)（连续型）; \ p = \prod_{i=1}^n p(x_i;\theta)（离散型） \end{cases}$

【注】若联合概率密度（连续型）或联合分布律（离散型）中有与参数 θ 无关的因式，为便于计算，去掉这些因式不会影响对 θ 的最大似然估计，比如 $P\{X_1=k_1, X_2=k_2, \cdots, X_m=k_m\} = n!\prod_{i=1}^m \frac{[P_i(\theta)]^{k_i}}{(k_i)!}$，可令 $L(\theta) = \prod_{i=1}^m [P_i(\theta)]^{k_i}$，但要注意，若求 $P\{X_1=k_1, X_2=k_2, \cdots, X_m=k_m\}$，则不能去掉任何因式。

②求参数 $\begin{cases} \text{若似然函数有驻点,则令} \dfrac{dL}{d\theta}=0 \text{或} \dfrac{d(\ln L)}{d\theta}=0, \text{解出} \hat{\theta}; \\ \text{若似然函数无驻点(单调),则用定义求} \hat{\theta}; \\ \text{若似然函数为常数,则用定义求} \hat{\theta}, \text{此时} \hat{\theta} \text{不唯一.} \end{cases}$

→ D_{22}(转换等价表述)

→ D_1(常规操作)

→ 此为充分条件,考题中若出现且 u 可导,求导验其单调即可.

③最大似然估计量的不变性原则.

设 $\hat{\theta}$ 是总体分布中未知参数 θ 的最大似然估计,函数 $u=u(\theta)$ 具有单值的反函数 $\theta=\theta(u)$,则 $\hat{u}=u(\hat{\theta})$ 是 $u(\theta)$ 的最大似然估计.

④双总体的最大似然估计.

例 9.3 设总体 X 服从参数为 λ($\lambda>0$ 但未知)的泊松分布,$X_1, X_2, \cdots, X_n$ 是来自总体 X 的一个简单随机样本,则 $P\{X=0\}$ 的最大似然估计量为_____.

【解】应填 $e^{-\bar{X}}$. → D_{22}(转换等价表述)

设 $X_1, X_2, \cdots, X_n$ 对应的样本值为 $x_1, x_2, \cdots, x_n$,则似然函数为

$$L(\lambda) = P\{X=x_1\}P\{X=x_2\}\cdots P\{X=x_n\}$$

$$= \dfrac{\lambda^{x_1}}{x_1!}e^{-\lambda} \cdot \dfrac{\lambda^{x_2}}{x_2!}e^{-\lambda} \cdot \cdots \cdot \dfrac{\lambda^{x_n}}{x_n!}e^{-\lambda} = \dfrac{e^{-n\lambda}}{x_1!x_2!\cdots x_n!}\lambda^{\sum_{i=1}^{n}x_i},$$

即

$$\ln L(\lambda) = -n\lambda - \sum_{i=1}^{n}\ln(x_i!) + \left(\sum_{i=1}^{n}x_i\right)\ln\lambda.$$

令 $\dfrac{d[\ln L(\lambda)]}{d\lambda}=0$,即 $-n + \dfrac{\sum_{i=1}^{n}x_i}{\lambda}=0$,解得 $\lambda = \dfrac{1}{n}\sum_{i=1}^{n}x_i = \bar{x}$,即 λ 的最大似然估计量为 $\dfrac{1}{n}\sum_{i=1}^{n}X_i = \bar{X}$,代入

→ D_{22}(转换等价表述)

$P\{X=0\} = \dfrac{\lambda^0}{0!}e^{-\lambda}=e^{-\lambda}$,由最大似然估计量的不变性原则,得 $P\{X=0\}$ 的最大似然估计量为 $e^{-\bar{X}}$.

【注】常见分布的矩估计量和最大似然估计量如表所示.

X 服从的分布	矩估计量	最大似然估计量
0—1 分布	$\hat{p}=\bar{X}$	$\hat{p}=\bar{X}$
$B(n,p)$	$\hat{p}=\dfrac{\bar{X}}{n}$	$\hat{p}=\dfrac{\bar{X}}{n}$
$G(p)$	$\hat{p}=\dfrac{1}{\bar{X}}$	$\hat{p}=\dfrac{1}{\bar{X}}$
$P(\lambda)$	$\hat{\lambda}=\bar{X}$	$\hat{\lambda}=\bar{X}$

续表

X 服从的分布	矩估计量	最大似然估计量
$U(a,b)$	$\hat{a} = \bar{X} - \sqrt{\dfrac{3}{n}\sum_{i=1}^{n}(X_i - \bar{X})^2}$ $\hat{b} = \bar{X} + \sqrt{\dfrac{3}{n}\sum_{i=1}^{n}(X_i - \bar{X})^2}$	$\hat{a} = \min\{X_1, X_2, \cdots, X_n\}$ $\hat{b} = \max\{X_1, X_2, \cdots, X_n\}$
$E(\lambda)$	$\hat{\lambda} = \dfrac{1}{\bar{X}}$	$\hat{\lambda} = \dfrac{1}{\bar{X}}$
$N(\mu, \sigma^2)$	$\hat{\mu} = \bar{X}, \ \hat{\sigma}^2 = \dfrac{1}{n}\sum_{i=1}^{n}(X_i - \bar{X})^2$	μ, σ^2 均未知：$\hat{\mu} = \bar{X}, \ \hat{\sigma}^2 = \dfrac{1}{n}\sum_{i=1}^{n}(X_i - \bar{X})^2$； μ 已知，σ^2 未知：$\hat{\sigma}^2 = \dfrac{1}{n}\sum_{i=1}^{n}(X_i - \mu)^2$； μ 未知，σ^2 已知：$\hat{\mu} = \bar{X}$

例 9.4 设总体 X 的概率分布为 $P\{X=1\} = \dfrac{1-\theta}{2}, P\{X=2\} = P\{X=3\} = \dfrac{1+\theta}{4}$，利用来自总体 X 的样本值 1, 3, 2, 2, 1, 3, 1, 2, 可得 θ 的最大似然估计值为（　　）.

（A）$\dfrac{3}{8}$　　　　（B）$\dfrac{1}{4}$　　　　（C）$\dfrac{1}{2}$　　　　（D）$\dfrac{5}{8}$

【解】 应选（B）.

由题意可得似然函数 $L(\theta) = \left(\dfrac{1-\theta}{2}\right)^3 \cdot \left(\dfrac{1+\theta}{4}\right)^5$，两边取对数，得

$$\ln L(\theta) = 3\ln\dfrac{1-\theta}{2} + 5\ln\dfrac{1+\theta}{4} = 3\ln(1-\theta) - 3\ln 2 + 5\ln(1+\theta) - 5\ln 4,$$

令 $\dfrac{d[\ln L(\theta)]}{d\theta} = \dfrac{-3}{1-\theta} + \dfrac{5}{1+\theta} = 0$，得 θ 的最大似然估计值为 $\hat{\theta} = \dfrac{1}{4}$. 故选（B）.

例 9.5 设总体 X 的概率密度为 $f(x) = \begin{cases} \dfrac{2x}{\alpha^2}, & 0 \leq x \leq \alpha, \\ 0, & \text{其他}, \end{cases}$ 其中 $\alpha(\alpha > 1)$ 是未知参数，$X_1, X_2, \cdots, X_n$ 是来自总体 X 的简单随机样本，记 $p = P\{0 < X < \sqrt{\alpha}\}$，$X_{(1)} = \min\{X_1, X_2, \cdots, X_n\}$，$X_{(n)} = \max\{X_1, X_2, \cdots, X_n\}$，则 p 的最大似然估计量 $\hat{p}$ 为（　　）.

（A）$\sqrt{X_{(1)}}$　　　　（B）$\sqrt{X_{(n)}}$　　　　（C）$\dfrac{1}{X_{(1)}}$　　　　（D）$\dfrac{1}{X_{(n)}}$

【解】 应选（D）.

$$p = P\{0 < X < \sqrt{\alpha}\} = \int_0^{\sqrt{\alpha}} f(x)dx = \dfrac{1}{\alpha}.$$

当 $0 \leq x_1 \leq \alpha, 0 \leq x_2 \leq \alpha, \cdots, 0 \leq x_n \leq \alpha$ 时，似然函数为

$$L(\alpha) = f(x_1)f(x_2)\cdots f(x_n) = \dfrac{2^n}{\alpha^{2n}} x_1 x_2 \cdots x_n.$$

显然 $L(\alpha)$ 关于 α 单调减少，且 $\alpha \geq \max\{x_1, x_2, \cdots, x_n\}$，则 α 的最大似然估计量为

$$\hat{\alpha} = \max\{X_1, X_2, \cdots, X_n\}.$$

又知 $p = \dfrac{1}{\alpha}$ 是关于 α 的单调函数，根据最大似然估计量的不变性原则，得 p 的最大似然估计量为

$$\hat{p} = \dfrac{1}{\max\{X_1, X_2, \cdots, X_n\}} = \dfrac{1}{X_{(n)}}.$$

例 9.6 设 $X_1, X_2, \cdots, X_n$ 为来自均值为 θ 的指数分布总体的简单随机样本，$Y_1, Y_2, \cdots, Y_m$ 为来自均值为 2θ 的指数分布总体的简单随机样本，且两样本相互独立，其中 $\theta(\theta > 0)$ 是未知参数，利用样本 $X_1, X_2, \cdots, X_n, Y_1, Y_2, \cdots, Y_m$，求 θ 的最大似然估计量 $\hat{\theta}$，并求 $D\hat{\theta}$.

【解】设 $x_1, x_2, \cdots, x_n, y_1, y_2, \cdots, y_m$ 为样本值，则似然函数为 ⟶ D_{22}(转换等价表述)

$$L(\theta) = \dfrac{1}{2^m \theta^{n+m}} e^{-\frac{1}{\theta}\sum_{i=1}^{n} x_i - \frac{1}{2\theta}\sum_{j=1}^{m} y_j},$$

从而

$$\ln L(\theta) = -m\ln 2 - (n+m)\ln\theta - \dfrac{1}{\theta}\sum_{i=1}^{n} x_i - \dfrac{1}{2\theta}\sum_{j=1}^{m} y_j,$$

$$\dfrac{d[\ln L(\theta)]}{d\theta} = -\dfrac{n+m}{\theta} + \dfrac{1}{\theta^2}\sum_{i=1}^{n} x_i + \dfrac{1}{2\theta^2}\sum_{j=1}^{m} y_j.$$

令 $\dfrac{d[\ln L(\theta)]}{d\theta} = 0$，解得 $\theta = \dfrac{1}{n+m}\left(\sum_{i=1}^{n} x_i + \dfrac{1}{2}\sum_{j=1}^{m} y_j\right)$.

因此 θ 的最大似然估计量为 $\hat{\theta} = \dfrac{2n\bar{X} + m\bar{Y}}{2(n+m)}$，其中 $\bar{X} = \dfrac{1}{n}\sum_{i=1}^{n} X_i$，$\bar{Y} = \dfrac{1}{m}\sum_{j=1}^{m} Y_j$.

由于 $D\bar{X} = \dfrac{\theta^2}{n}$，$D\bar{Y} = \dfrac{4\theta^2}{m}$，所以

$$D\hat{\theta} = D\left[\dfrac{2n\bar{X} + m\bar{Y}}{2(n+m)}\right] = \dfrac{4n^2 D\bar{X} + m^2 D\bar{Y}}{4(n+m)^2} = \dfrac{\theta^2}{n+m}.$$

3. 估计量的评价（仅数学一）(D_1(常规操作)+D_{23}(化归经典形式))

（1）无偏性.

对于估计量 $\hat{\theta}$，若 $E\hat{\theta} = \theta$，则称 $\hat{\theta}$ 为 θ 的无偏估计量.

（2）有效性.

若 $E\hat{\theta}_1 = \theta$，$E\hat{\theta}_2 = \theta$，即 $\hat{\theta}_1$，$\hat{\theta}_2$ 均是 θ 的无偏估计量，当 $D\hat{\theta}_1 < D\hat{\theta}_2$ 时，称 $\hat{\theta}_1$ 比 $\hat{\theta}_2$ 有效.

（3）一致性（相合性）.（只针对大样本 $n \to \infty$）

若 $\hat{\theta}$ 为 θ 的估计量，则对任意 $\varepsilon > 0$，有

$$\lim_{n \to \infty} P\{|\hat{\theta} - \theta| \geq \varepsilon\} = 0,$$

或

$$\lim_{n \to \infty} P\{|\hat{\theta} - \theta| < \varepsilon\} = 1,$$

即当 $\hat{\theta} \xrightarrow{P} \theta$ 时，称 $\hat{\theta}$ 为 θ 的一致（或相合）估计.

D_1(常规操作)+D_{23}(化归经典形式)
一般用以下两种方法：
① 切比雪夫不等式 $P\{|X - EX| \geq \varepsilon\} \leq \dfrac{DX}{\varepsilon^2}$
② 辛钦大数定律（独立同分布、EX 存在）
$\Rightarrow \bar{X} \xrightarrow{P} E\bar{X}$

4. 估计量的数字特征（仅数学三）（D_1(常规操作)）

① 求 $E\hat{\theta}$.

② 求 $D\hat{\theta}$.

③ 验证 $\hat{\theta}$ 是否依概率收敛于 θ，即是否有 $\hat{\theta} \xrightarrow{P} \theta$，即对任意 $\varepsilon > 0$，有

$$\lim_{n\to\infty} P\{|\hat{\theta}-\theta| \geq \varepsilon\} = 0 \text{ 或 } \lim_{n\to\infty} P\{|\hat{\theta}-\theta| < \varepsilon\} = 1.$$

例 9.7 设 $X_1, \cdots, X_n$ 独立同分布，X_1 可取且只可取 4 个不同数值，且相应的取值概率分别为

$$p_1 = 1-\theta,\ p_2 = \theta - \theta^2,\ p_3 = \theta^2 - \theta^3,\ p_4 = \theta^3,$$

记 $N_i(i=1,2,3,4)$ 为从总体抽取的 n 个样本中出现 4 个不同数值所对应的个数.

（1）（**仅数学一**）确定 a_1, a_2, a_3, a_4，使 $T = \sum\limits_{i=1}^{4} a_i N_i$ 为 θ 的无偏估计；

（**仅数学三**）确定 a_1, a_2, a_3, a_4，使 $E\left(\sum\limits_{i=1}^{4} a_i N_i\right) = \theta$；

（2）若 $N_i = n_i,\ i = 1,2,3,4$，求 θ 的最大似然估计值.

【解】（1）（**仅数学一**）由于 $N_i \sim B(n, p_i),\ i = 1,2,3,4$，因此 $EN_i = np_i$，从而有

$$ET = \sum_{i=1}^{4} a_i EN_i = a_1 n(1-\theta) + a_2 n(\theta - \theta^2) + a_3 n(\theta^2 - \theta^3) + a_4 n\theta^3$$
$$= na_1 + n(a_2 - a_1)\theta + n(a_3 - a_2)\theta^2 + n(a_4 - a_3)\theta^3.$$

若使 T 为 θ 的无偏估计，即要求

$$\begin{cases} na_1 = 0, \\ n(a_2 - a_1) = 1, \\ n(a_3 - a_2) = 0, \\ n(a_4 - a_3) = 0, \end{cases}$$

解得

$$a_1 = 0,\ a_2 = a_3 = a_4 = \frac{1}{n},$$

即 $T = \dfrac{N_2 + N_3 + N_4}{n}$ 是 θ 的无偏估计.

（**仅数学三**）由于 $N_i \sim B(n, p_i),\ i = 1,2,3,4$，因此 $EN_i = np_i$，从而有

$$E\left(\sum_{i=1}^{4} a_i N_i\right) = \sum_{i=1}^{4} a_i EN_i = a_1 n(1-\theta) + a_2 n(\theta - \theta^2) + a_3 n(\theta^2 - \theta^3) + a_4 n\theta^3$$
$$= na_1 + n(a_2 - a_1)\theta + n(a_3 - a_2)\theta^2 + n(a_4 - a_3)\theta^3.$$

若使 $E\left(\sum\limits_{i=1}^{4} a_i N_i\right) = \theta$，即要求

$$\begin{cases} na_1 = 0, \\ n(a_2 - a_1) = 1, \\ n(a_3 - a_2) = 0, \\ n(a_4 - a_3) = 0, \end{cases}$$

解得

$$a_1 = 0,\ a_2 = a_3 = a_4 = \frac{1}{n}.$$

（2）由题意，有 $N_1 + N_2 + N_3 + N_4 = n$，且似然函数为

$$L(\theta) = (1-\theta)^{n_1}(\theta-\theta^2)^{n_2}(\theta^2-\theta^3)^{n_3}(\theta^3)^{n_4} = \theta^{n_2+2n_3+3n_4}(1-\theta)^{n_1+n_2+n_3},$$

取对数得

$$\ln L(\theta) = (n_2 + 2n_3 + 3n_4)\ln\theta + (n_1 + n_2 + n_3)\ln(1-\theta),$$

对 θ 求导，有

$$\frac{\mathrm{d}[\ln L(\theta)]}{\mathrm{d}\theta} = \frac{n_2 + 2n_3 + 3n_4}{\theta} - \frac{n_1 + n_2 + n_3}{1-\theta} \stackrel{\diamond}{=\!=\!=} 0,$$

解得

$$\frac{1-\theta}{\theta} = \frac{n_1 + n_2 + n_3}{n_2 + 2n_3 + 3n_4},$$

则 θ 的最大似然估计值为

$$\hat{\theta} = \frac{n_2 + 2n_3 + 3n_4}{n_1 + 2n_2 + 3n_3 + 3n_4}.$$

例 9.8 设总体 X 的分布函数为

$$F(x;\theta) = \begin{cases} 1 - \mathrm{e}^{-\frac{x^2}{\theta}}, & x \geqslant 0, \\ 0, & x < 0, \end{cases}$$

其中 θ 是未知参数且大于零，$X_1, X_2, \cdots, X_n$ 为来自总体 X 的简单随机样本.

（1）求 EX 与 $E(X^2)$；

（2）求 θ 的最大似然估计量 $\hat{\theta}$；

（3）是否存在实数 a，使得对任何 $\varepsilon > 0$，都有 $\lim_{n\to\infty} P\{|\hat{\theta} - a| \geqslant \varepsilon\} = 0$？

> D_{22}（转换等价表述），一定要对知识点的表达式熟悉，才能在解题时识别"等价表述"。

【解】（1）总体 X 的概率密度为 $f(x;\theta) = \begin{cases} \dfrac{2x}{\theta}\mathrm{e}^{-\frac{x^2}{\theta}}, & x > 0, \\ 0, & \text{其他}. \end{cases}$

$$EX = \int_0^{+\infty} x \cdot \frac{2x}{\theta} \mathrm{e}^{-\frac{x^2}{\theta}} \mathrm{d}x = -\int_0^{+\infty} x \mathrm{d}\left(\mathrm{e}^{-\frac{x^2}{\theta}}\right) = \int_0^{+\infty} \mathrm{e}^{-\frac{x^2}{\theta}} \mathrm{d}x = \frac{\sqrt{\pi\theta}}{2} \cdot \frac{1}{\sqrt{\pi\theta}} \int_{-\infty}^{+\infty} \mathrm{e}^{-\frac{x^2}{\theta}} \mathrm{d}x = \frac{\sqrt{\pi\theta}}{2},$$

$$E(X^2) = \int_0^{+\infty} x^2 \cdot \frac{2x}{\theta} \mathrm{e}^{-\frac{x^2}{\theta}} \mathrm{d}x = \theta \int_0^{+\infty} u \mathrm{e}^{-u} \mathrm{d}u = \theta.$$

（2）设 $x_1, x_2, \cdots, x_n$ 为样本值，则似然函数为

$$L(\theta) = \prod_{i=1}^n f(x_i;\theta) = \begin{cases} \dfrac{2^n x_1 x_2 \cdots x_n}{\theta^n} \exp\left\{-\dfrac{1}{\theta}\sum_{i=1}^n x_i^2\right\}, & x_1, x_2, \cdots, x_n > 0, \\ 0, & \text{其他}. \end{cases}$$

当 $x_1, x_2, \cdots, x_n > 0$ 时，$\ln L(\theta) = n\ln 2 + \sum_{i=1}^n \ln x_i - n\ln\theta - \dfrac{1}{\theta}\sum_{i=1}^n x_i^2$，令 $\dfrac{\mathrm{d}[\ln L(\theta)]}{\mathrm{d}\theta} = -\dfrac{n}{\theta} + \dfrac{1}{\theta^2}\sum_{i=1}^n x_i^2 = 0$，得 $\theta = \dfrac{1}{n}\sum_{i=1}^n x_i^2$，从而 θ 的最大似然估计量为 $\hat{\theta} = \dfrac{1}{n}\sum_{i=1}^n X_i^2$.

（3）存在，$a = \theta$. 因为 $\{X_n^2\}$ 是独立同分布的随机变量序列，且 $E(X_1^2) = \theta < +\infty$，所以根据辛钦大数定律，当 $n \to \infty$ 时，$\hat{\theta} = \dfrac{1}{n}\sum_{i=1}^n X_i^2$ 依概率收敛于 $E(X_1^2)$，即 θ，所以对任何 $\varepsilon > 0$，都有

$$\lim_{n\to\infty} P\{|\hat{\theta}-\theta|\geq \varepsilon\}=0.$$

【注】第（3）问实际上是考查估计量的相合性（仅数学一）概念及大数定律，但由于这两个知识点在往年很少考查，故大多数考生不知如何作答，导致这一问的得分率较低．

二、作区间估计 (O_2(盯住目标 2))、假设检验 (O_3(盯住目标 3))、求两类错误 (O_4(盯住目标 4))（仅数学一）

1. 区间估计 (D_1(常规操作))

（1）概念．

设 θ 是总体 X 的分布函数的一个未知参数，对于给定 $\alpha(0<\alpha<1)$，如果由样本 $X_1,X_2,\cdots,X_n$ 确定的两个统计量 $\hat{\theta}_1 = \hat{\theta}_1(X_1,X_2,\cdots,X_n)$，$\hat{\theta}_2 = \hat{\theta}_2(X_1,X_2,\cdots,X_n)$，使

$$P\{\hat{\theta}_1(X_1,X_2,\cdots,X_n) < \theta < \hat{\theta}_2(X_1,X_2,\cdots,X_n)\} = 1-\alpha,$$

则称随机区间 $(\hat{\theta}_1, \hat{\theta}_2)$ 是 θ 的置信度为 $1-\alpha$ 的**置信区间**，$\hat{\theta}_1$ 和 $\hat{\theta}_2$ 分别称为 θ 的置信度为 $1-\alpha$ 的双侧置信区间的**置信下限**和**置信上限**，$1-\alpha$ 称为**置信度**或**置信水平**，α 称为显著性水平．如果 $P\{\theta < \hat{\theta}_1\} = P\{\theta > \hat{\theta}_2\} = \dfrac{\alpha}{2}$，则称这种置信区间为等尾置信区间．

→ 考前记一记，喝前摇一摇，即可．

（2）单个正态总体均值和方差的置信区间．

设 $X \sim N(\mu, \sigma^2)$，从总体 X 中抽取样本 $X_1, X_2, \cdots, X_n$，样本均值为 $\bar{X}$，样本方差为 S^2．

① σ^2 已知，μ 的置信水平是 $1-\alpha$ 的置信区间为

$$\left(\bar{X} - \frac{\sigma}{\sqrt{n}} z_{\frac{\alpha}{2}},\ \bar{X} + \frac{\sigma}{\sqrt{n}} z_{\frac{\alpha}{2}}\right).$$

记为 I_1 → $P\{\mu \in I_1\} = 1-\alpha$

② σ^2 未知，μ 的置信水平是 $1-\alpha$ 的置信区间为

$$\left(\bar{X} - \frac{S}{\sqrt{n}} t_{\frac{\alpha}{2}}(n-1),\ \bar{X} + \frac{S}{\sqrt{n}} t_{\frac{\alpha}{2}}(n-1)\right).$$

记为 I_2 → $P\{\mu \in I_2\} = 1-\alpha$

③ μ 已知，σ^2 的置信水平是 $1-\alpha$ 的置信区间为

$$\left(\frac{\sum_{i=1}^{n}(X_i-\mu)^2}{\chi^2_{\frac{\alpha}{2}}(n)},\ \frac{\sum_{i=1}^{n}(X_i-\mu)^2}{\chi^2_{1-\frac{\alpha}{2}}(n)}\right).$$

记为 I_3 → $P\{\sigma^2 \in I_3\} = 1-\alpha$ 此种情况一般不出现

④ μ 未知，σ^2 的置信水平是 $1-\alpha$ 的置信区间为

$$\left(\frac{(n-1)S^2}{\chi^2_{\frac{\alpha}{2}}(n-1)},\ \frac{(n-1)S^2}{\chi^2_{1-\frac{\alpha}{2}}(n-1)}\right).$$

记为 I_4 → $P\{\sigma^2 \in I_4\} = 1-\alpha$

形式化归体系块

例 9.9 设总体 X 服从正态分布 $N(\mu, \sigma^2)$，其中 σ^2 已知，n 是给定的样本容量，μ 为未知参数，则 μ 的等尾双侧置信区间长度 L 与置信度 $1-\alpha$ 的关系是（　　　）．

(A)当 $1-\alpha$ 减小时，L 减小

(B)当 $1-\alpha$ 减小时，L 增大

(C)当 $1-\alpha$ 减小时，L 不变

(D)当 $1-\alpha$ 减小时，L 增减不定

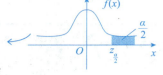
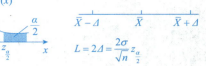

【解】应选（A）.

由均值 μ 的等尾双侧置信区间 $\left(\bar{X}-\dfrac{\sigma}{\sqrt{n}}z_{\frac{\alpha}{2}},\bar{X}+\dfrac{\sigma}{\sqrt{n}}z_{\frac{\alpha}{2}}\right)$ 来确定正确选项. 事实上, 此时置信区间长度 $L=\dfrac{2\sigma}{\sqrt{n}}z_{\frac{\alpha}{2}}$, 当 $1-\alpha$ 减小时, α 增大, $z_{\frac{\alpha}{2}}$ 减小, 故 L 减小, 所以选择（A）.

例 9.10 设总体 X 的数学期望存在且方差为 1，根据来自 X 的容量为 36 的简单随机样本测得样本均值为 a，$\Phi(1.96)=0.975$，则 X 的数学期望的置信度等于 0.95 的置信区间为（　　）.

(A) $(a-0.196, a+0.196)$　　　　　(B) $(a-0.327, a+0.327)$

(C) $(a-0.49, a+0.49)$　　　　　　(D) $(a-0.025, a+0.025)$

【解】应选（B）.

由中心极限定理，若 X_i 满足定理条件，则当 $n\to\infty$ 时，$\sum\limits_{i=1}^{n}X_i$ 近似服从 $N(n\mu, n\sigma^2)$，故

$$\sum_{i=1}^{36}X_i \xrightarrow{\text{近似}} N(36\mu, 36), \bar{X}=\dfrac{1}{36}\sum_{i=1}^{36}X_i \xrightarrow{\text{近似}} N\left(\mu, \dfrac{1}{36}\right),$$

于是
$$Z=\dfrac{\bar{X}-\mu}{1/\sqrt{36}} \xrightarrow{\text{近似}} N(0,1),$$

又由 $\Phi(1.96)=0.975$，故 $P\{-1.96<Z<1.96\}=0.95$，即 μ 的置信度等于 0.95 的置信区间为

$$\left(\bar{X}-\dfrac{1}{6}\times 1.96, \bar{X}+\dfrac{1}{6}\times 1.96\right),$$

将 $\bar{x}=a$ 代入上式得置信区间为 $(a-0.327, a+0.327)$.

2. 假设检验（D_1（常规操作））

（1）概念.

关于总体（分布中的未知参数、分布的类型、特征、相关性、独立性……）的每一种论断（"看法"）称为**统计假设**，然后根据样本观察数据或试验结果所提供的信息去推断（检验）这个"看法"（即假设）是否成立，这类统计推断问题称为**假设检验**.

（2）原假设与备择假设.

常常把没有充分理由不能轻易否定的假设取为**原假设**（**基本假设**或**零假设**），记为 H_0，将其否定的陈述（假设）称为**对立假设**或**备择假设**，记为 H_1.

（3）小概率原理与显著性水平.

①小概率原理.

对假设进行检验的**基本思想**是采用**某种带有概率性质**的**反证法**. 这种方法的依据是小概率原理——概率很接近于 0 的事件在一次试验或观察中认为备择假设不会发生. 若小概率事件发生了，则拒绝原假设.

②显著性水平 α.

小概率事件中"小概率"的值没有统一规定，通常是根据实际问题的要求，规定一个界限 $\alpha(0<\alpha<1)$，当一个事件的概率不大于 α 时，即认为它是小概率事件. 在假设检验问题中，α 称为**显著性水平**，通常取 $\alpha = 0.1$，0.05，0.01 等.

（4）正态总体下的六大检验及拒绝域.   → 考前记一记，喝前摇一摇，即可.

形式化归体系块

① σ^2 已知，μ 未知. $H_0: \mu = \mu_0$，$H_1: \mu \neq \mu_0$，则拒绝域为 $\left(-\infty, \mu_0 - \dfrac{\sigma}{\sqrt{n}} z_{\frac{\alpha}{2}}\right] \cup \left[\mu_0 + \dfrac{\sigma}{\sqrt{n}} z_{\frac{\alpha}{2}}, +\infty\right)$.

② σ^2 未知，μ 未知. $H_0: \mu = \mu_0$，$H_1: \mu \neq \mu_0$，则拒绝域为

$$\left(-\infty, \mu_0 - \dfrac{S}{\sqrt{n}} t_{\frac{\alpha}{2}}(n-1)\right] \cup \left[\mu_0 + \dfrac{S}{\sqrt{n}} t_{\frac{\alpha}{2}}(n-1), +\infty\right).$$

③ σ^2 已知，μ 未知. $H_0: \mu \leq \mu_0$，$H_1: \mu > \mu_0$，则拒绝域为 $\left[\mu_0 + \dfrac{\sigma}{\sqrt{n}} z_\alpha, +\infty\right)$.

（或写 $\mu = \mu_0$）

④ σ^2 已知，μ 未知. $H_0: \mu \geq \mu_0$，$H_1: \mu < \mu_0$，则拒绝域为 $\left(-\infty, \mu_0 - \dfrac{\sigma}{\sqrt{n}} z_\alpha\right]$.

（或写 $\mu = \mu_0$）

⑤ σ^2 未知，μ 未知. $H_0: \mu \leq \mu_0$，$H_1: \mu > \mu_0$，则拒绝域为 $\left[\mu_0 + \dfrac{S}{\sqrt{n}} t_\alpha(n-1), +\infty\right)$.

（或写 $\mu = \mu_0$）

⑥ σ^2 未知，μ 未知. $H_0: \mu \geq \mu_0$，$H_1: \mu < \mu_0$，则拒绝域为 $\left(-\infty, \mu_0 - \dfrac{S}{\sqrt{n}} t_\alpha(n-1)\right]$.

（或写 $\mu = \mu_0$）

【注】（1）H_0 中含"="，以便 H_0 成立时有分布可用.

（2）拒绝域的"形式"与备择假设 H_1 的"含义"一致，便于记忆，比如上述①中，$H_1: \mu \neq \mu_0$，则拒绝域为"远离 μ_0"，可见，"$\mu \neq \mu_0$"与"远离 μ_0"的含义一致.

例 9.11 设 $X_1, X_2, \cdots, X_n$ 为来自正态总体 $N(\mu, 2)$ 的简单随机样本，记 $\bar{X} = \frac{1}{n}\sum_{i=1}^{n} X_i$，$z_\alpha$ 表示标准正态分布的上 α 分位数. 假设检验问题：$H_0: \mu \leq 1$，$H_1: \mu > 1$ 的显著性水平为 α 的检验的拒绝域为（　　）.

(A) $\left\{(X_1, X_2, \cdots, X_n) \mid \bar{X} \geq 1 + \frac{2}{n}z_\alpha\right\}$　　　　(B) $\left\{(X_1, X_2, \cdots, X_n) \mid \bar{X} \geq 1 + \frac{\sqrt{2}}{n}z_\alpha\right\}$

(C) $\left\{(X_1, X_2, \cdots, X_n) \mid \bar{X} \geq 1 + \frac{2}{\sqrt{n}}z_\alpha\right\}$　　　　(D) $\left\{(X_1, X_2, \cdots, X_n) \mid \bar{X} \geq 1 + \sqrt{\frac{2}{n}}z_\alpha\right\}$

【解】应选（D）.

由题设知，$\sigma = \sqrt{2}$，且符合上述六大情形的③，故拒绝域为 $\bar{X} \geq \mu_0 + \frac{\sigma}{\sqrt{n}}z_\alpha = 1 + \sqrt{\frac{2}{n}}z_\alpha$，选（D）.

3. 两类错误 (D₁(常规操作))

第一类错误（"弃真"）：若 H_0 为真，按检验法则，否定了 H_0，此时犯了"弃真"的错误，这种错误称为第一类错误，犯第一类错误的概率为 $\alpha = P\{$拒绝 $H_0 \mid H_0$ 为真$\}$.

第二类错误（"取伪"）：若 H_0 不真，按检验法则，接受 H_0，此时犯了"取伪"的错误，这种错误称为第二类错误，犯第二类错误的概率为 $\beta = P\{$接受 $H_0 \mid H_0$ 为假$\}$.

例 9.12 设 $X_1, X_2, \cdots, X_{16}$ 是来自总体 $N(\mu, 4)$ 的简单随机样本，考虑假设检验问题：$H_0: \mu \leq 10$，$H_1: \mu > 10$. $\Phi(x)$ 表示标准正态分布函数. 若该检验问题的拒绝域为 $W = \{\bar{X} > 11\}$，其中 $\bar{X} = \frac{1}{16}\sum_{i=1}^{16} X_i$，则 $\mu = 11.5$ 时，该检验犯第二类错误的概率为（　　）.

(A) $1 - \Phi(1)$　　　　(B) $1 - \Phi(0.5)$　　　　(C) $1 - \Phi(1.5)$　　　　(D) $1 - \Phi(2)$

【解】应选（A）.

当 $\mu = 11.5$ 时，该检验犯第二类错误的概率为 (D₂₂(转换等价表述))

$$P\{\bar{X} \leq 11 \mid \mu = 11.5\}.$$

当 $\mu = 11.5$ 时，

$$\bar{X} \sim N\left(11.5, \frac{4}{16}\right), \quad \text{即} \bar{X} \sim N\left(11.5, \frac{1}{4}\right),$$

从而

$$P\{\bar{X} \leq 11 \mid \mu = 11.5\} = \Phi\left(\frac{11 - 11.5}{1/2}\right) = \Phi(-1) = 1 - \Phi(1).$$

附录 条件数字特征

数据处理，往往是在某些条件下进行的，这既是现实问题，也可带来便捷性，故条件数字特征的地位非常重要，且在考研真题中也多次考到，但由于该知识点的专业解法不在考纲内，故作为附录，供学有余力的读者参考．

1. 条件数学期望

在 $Y=y$ 条件下 X 的数学期望称为条件数学期望．

① $(X,Y) \sim p_{ij}$．

$$E(X|Y=y) = \sum_i x_i P\{X=x_i | Y=y\}.$$

② $(X,Y) \sim f(x,y)$．

$$E(X|Y=y) = \int_{-\infty}^{+\infty} x f(x|y) \mathrm{d}x.$$

同理，可定义 $E(Y|X=x)$．

【注】（1）$E(X|Y=y)$ 是 y 的函数，给出不同的 y 值，对应不同的条件期望值．初学时可记 $g(y) = E(X|Y=y)$，提示其为 y 的函数．

（2）$E(X|Y)$ 是 Y 的函数，即 $g(Y) = E(X|Y)$．

2. 亚当公式 ——> 全集分解思想的又一个重要应用

设 (X,Y) 是二维随机变量，且 EX 存在，则 $EX = E[E(X|Y)]$．

【注】（1）证 以连续型为例，设 $(X,Y) \sim f(x,y)$，$E(X|Y=y) = g(y)$，则

$$\begin{aligned}
EX &= \int_{-\infty}^{+\infty}\int_{-\infty}^{+\infty} x f(x,y) \mathrm{d}x \mathrm{d}y \\
&= \int_{-\infty}^{+\infty}\int_{-\infty}^{+\infty} x f_{X|Y}(x|y) f_Y(y) \mathrm{d}x \mathrm{d}y \\
&= \int_{-\infty}^{+\infty} \left[\int_{-\infty}^{+\infty} x f_{X|Y}(x|y) \mathrm{d}x\right] f_Y(y) \mathrm{d}y \\
&= \int_{-\infty}^{+\infty} E(X|Y=y) \cdot f_Y(y) \mathrm{d}y \\
&= \int_{-\infty}^{+\infty} g(y) f_Y(y) \mathrm{d}y \\
&= E[g(Y)] = E[E(X|Y)].
\end{aligned}$$

离散型同理可得．

（2）上述证明表明：

连续型下，$EX = \int_{-\infty}^{+\infty} E(X|Y=y) f_Y(y) dy$；

离散型下，$EX = \sum_i E(X|Y=y_i) P\{Y=y_i\}$.

用好这些公式，可能会为复杂事件下的期望计算带来方便.

（3）之所以称其为亚当公式，是因为后面还配有一个夏娃公式：
$$DX = E[D(X|Y)] + D[E(X|Y)],$$
D 可写成 Var，于是等号右边为 $E(V\cdots) + V(E\cdots)$，而 evve 的发音刚好同"夏娃"eve，$EX = E[E(X|Y)]$ 中的"$X|Y$"也出现在 $DX = E[D(X|Y)] + D[E(X|Y)]$ 中，像骨架支撑起整个公式，而传说夏娃是由亚当的一根肋骨形成，所以

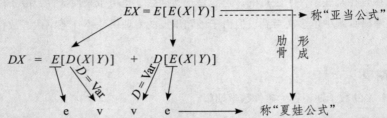

这样便利于同学们记忆了．国内尚无此表述及称呼，且国外文献亦无此系统描述（确有国外文献提及 eve's Law，但亚当公式多被称为迭代期望，且未将"亚当 $\xrightarrow{\text{肋骨}}_{\text{形成}}$ 夏娃"作为联系两个公式的记忆方法），此为本人方便考生记忆而做，考生在考场上勿写"亚当""夏娃"二词，而代以"全期望""全方差"即可．

3. 条件数学期望的性质

① $E(a|Y) = a$，a 为常数．

② $E[(aX_1 + bX_2)|Y] = aE(X_1|Y) + bE(X_2|Y)$，$a, b$ 为常数．

③ $E[g(Y)|Y] = g(Y)$．

④ X, Y 独立时，$E(X|Y) = EX$．

⑤ $EX = E[E(X|Y)]$（亚当公式）．

⑥ $E[g(Y) \cdot X|Y] = g(Y)E(X|Y)$．

⑦ $E[g(Y) \cdot X] = E[g(Y) \cdot E(X|Y)]$．

⑧ $E\{[X - E(X|Y)]^2\} \leqslant E\{[X - g(Y)]^2\}$，其中 $g(y)$ 取遍所有函数．

【注】③的证明，以离散型为例．

当 $Y = y_i$ 时，$h(y_i) = E[g(y_i)|Y=y_i] = g(y_i) \cdot E(1|Y=y_i) = g(y_i), i = 1, 2, \cdots$，

故 $h(Y) = E[g(Y)|Y] = g(Y)$．

⑥的证明：$E[g(Y) \cdot X|Y=y] = E[g(y) \cdot X|Y=y] = g(y)E(X|Y=y)$，故 $E[g(Y) \cdot X|Y] = g(Y)E(X|Y)$．

如 $E(Y \cdot X|Y) = YE(X|Y)$．

⑦的证明：$E[g(Y) \cdot X] = E\{E[g(Y) \cdot X|Y]\} \xlongequal{⑥} E[g(Y) \cdot E(X|Y)]$．如 $E(YX) = E[Y \cdot E(X|Y)]$．

⑧的证明：$E(X|Y)$ 表示在已知 Y 的条件下，对 X 作出的"最好"预测，称为 X 关于 Y 的回归．

$$E\{[X-g(Y)]^2\} = E\{\{[X-E(X|Y)]+[E(X|Y)-g(Y)]\}^2\}$$
$$= E\{[X-E(X|Y)]^2\} + E\{[E(X|Y)-g(Y)]^2\} + 2E\{[X-E(X|Y)][E(X|Y)-g(Y)]\}$$
$$= E\{[X-E(X|Y)]^2\} + E\{[E(X|Y)-g(Y)]^2\}$$
$$\geqslant E\{[X-E(X|Y)]^2\}.$$

4. 条件方差

$$D(X|Y) = E(X^2|Y) - [E(X|Y)]^2.$$

5. 夏娃公式

$$DX = E[D(X|Y)] + D[E(X|Y)].$$

【注】证
$$E[D(X|Y)] = E[E(X^2|Y)] - E\{[E(X|Y)]^2\} = E(X^2) - E\{[E(X|Y)]^2\}, \quad ①$$
$$D[E(X|Y)] = E\{[E(X|Y)]^2\} - \{E[E(X|Y)]\}^2 = E\{[E(X|Y)]^2\} - (EX)^2, \quad ②$$
① + ② 得证.

【例】设 $X \sim N(0,1)$，在 $X=x$ 的条件下，Y 服从 $N(x,1)$，则 $\rho_{XY} = $ _____.

【解】应填 $\dfrac{\sqrt{2}}{2}$.

由题设知，$EX = 0$，$DX = 1$.

又
$$E(Y|X=x) = x, D(Y|X=x) = 1,$$

故
$$EY = E[E(Y|X)] = EX = 0,$$
$$DY = E[D(Y|X)] + D[E(Y|X)] = 1 + DX = 2,$$
$$E(XY) = E[E(X \cdot Y|X)] = E[X \cdot E(Y|X)] = E(X^2) = DX + (EX)^2 = 1,$$

因此
$$\rho_{XY} = \frac{1 - 0 \cdot 0}{\sqrt{1} \cdot \sqrt{2}} = \frac{\sqrt{2}}{2}.$$

【注】此题一般解决如下.

由题设知 $EX=0$, $DX=1$, 且 (X,Y) 的概率密度为

$$f(x,y) = f_X(x)f_{Y|X}(y|x) = \frac{1}{2\pi}e^{-\frac{x^2}{2}} \cdot e^{-\frac{(y-x)^2}{2}},$$

从而

$$EY = \frac{1}{2\pi}\int_{-\infty}^{+\infty}\int_{-\infty}^{+\infty} y e^{-\frac{x^2}{2}} \cdot e^{-\frac{(y-x)^2}{2}} dxdy$$
$$= \frac{1}{\sqrt{2\pi}}\int_{-\infty}^{+\infty} e^{-\frac{x^2}{2}} dx \int_{-\infty}^{+\infty} y \cdot \frac{1}{\sqrt{2\pi}} e^{-\frac{(y-x)^2}{2}} dy$$
$$= \frac{1}{\sqrt{2\pi}}\int_{-\infty}^{+\infty} x e^{-\frac{x^2}{2}} dx$$
$$= 0,$$

$$E(Y^2) = \frac{1}{2\pi}\int_{-\infty}^{+\infty}\int_{-\infty}^{+\infty} y^2 e^{-\frac{x^2}{2}} \cdot e^{-\frac{(y-x)^2}{2}} dxdy$$

$$= \frac{1}{\sqrt{2\pi}}\int_{-\infty}^{+\infty} e^{-\frac{x^2}{2}} dx \int_{-\infty}^{+\infty} y^2 \cdot \frac{1}{\sqrt{2\pi}} e^{-\frac{(y-x)^2}{2}} dy$$

$$= \int_{-\infty}^{+\infty} (x^2+1) \cdot \frac{1}{\sqrt{2\pi}} e^{-\frac{x^2}{2}} dx$$

$$= 2,$$

$$DY = E(Y^2) - (EY)^2 = 2,$$

$$E(XY) = \frac{1}{2\pi}\int_{-\infty}^{+\infty}\int_{-\infty}^{+\infty} xy e^{-\frac{x^2}{2}} \cdot e^{-\frac{(y-x)^2}{2}} dxdy$$

$$= \frac{1}{\sqrt{2\pi}}\int_{-\infty}^{+\infty} xe^{-\frac{x^2}{2}} dx \int_{-\infty}^{+\infty} y \cdot \frac{1}{\sqrt{2\pi}} e^{-\frac{(y-x)^2}{2}} dy$$

$$= \int_{-\infty}^{+\infty} x^2 \cdot \frac{1}{\sqrt{2\pi}} e^{-\frac{x^2}{2}} dx$$

$$= 1,$$

$$\text{Cov}(X,Y) = E(XY) - EXEY = 1,$$

所以 X 与 Y 的相关系数为

$$\rho_{XY} = \frac{\text{Cov}(X,Y)}{\sqrt{DX}\sqrt{DY}} = \frac{\sqrt{2}}{2}.$$